はじめてつくる

Web

アプリケーション

Ruby on Railsで
プログラミングへの
第一歩を踏み出そう

江森真由美、やだけいこ、小林智恵　著

技術評論社

はじめに

ようこそ、プログラミングの世界へ！

「プログラミングってどういうものなんだろう？」「プログラミングをはじめてみよう！」とプログラミングに興味を持ったけれども、「どこからはじめたらいいのかな？」と悩んでいるあなたが、はじめの一歩を踏み出すために、本書は執筆されました。

Ruby on Railsは、プログラミングがはじめての人でもWebアプリケーションを簡単に作成することができるフレームワークです。本書では、そんなRuby on Railsを使って、はじめてプログラミングにチャレンジする人が、シンプルなWebアプリケーションを作ることを通じてプログラミングの楽しさや奥深さ、Webアプリケーションの基礎を知ることができるように工夫しています。

まずプログラムを動かすための環境を実際に作り、本書で利用するプログラミング言語であるRuby、Webアプリケーションを作成するためのフレームワークであるRuby on Railsについて簡単に学びます。そのあと、3つの章に渡り、実際にRuby on Railsでプログラムを書きながら、Webアプリケーションを作っていきます。これらの章が終わる頃には、ひとつのシンプルなWebアプリケーションができあがるように構成しています。あわせて、作ったアプリケーションの管理方法やRubyでもっとプログラムを書くための解説といった、「これからもプログラミングを続けてみようかな？」と感じた人に向けた補足情報も載せています。

百聞は一見にしかず、といいます。まずはあなたのペースで「わからないところがあっても、あとで振り返ろう」という気持ちで実際に試しながら、気楽に読み進めてください。プログラムを動かすための環境作りやWebアプリケーションを作るときの解説は、Windows・macOSの両方に対応しているので、お持ちのコンピューターがどちらでも試すことができます。

執筆にあたっては、難しい箇所にはできるだけ補足を加え、はじめてプログラミングにチャレンジする人のハードルを下げるよう心がけています。筆者たちは、Rails Girlsというコミュニティにおいて、プログラミング未経験者向けにRuby on Railsを使ったWebアプリケーションを作るワークショップを開催しています。このワークショップの参加者がつまずきやすい点や、興味を持つことが多い部分には、とくに手厚く解説をしています。本書でWebアプリケーションを作ることを通じて、「プログラミングって楽しい！」と感じていただけると幸いです。

古代ギリシャの詩人アルキロコスの詩に「キツネはたくさんのことを知っている。ハリネズミは大きなことをひとつだけ知っている」というものがあります。この詩から着想を得た「たくさんのことを知っているコーチのキツネ」、「キツネからプログラミングについて学ぶ生徒のハリネズミ」のイラストが、本書を読み進めていくことをサポートします。

さあ、あなたもハリネズミと一緒にプログラミングを学んでいきましょう！

目次

はじめに iii

Chapter 1 自分のコンピューターに 開発環境を作ろう　1

1-1　インストールをはじめる前に 2

1-2　テキストエディターをインストールしよう 5

1-3　ブラウザをインストールしよう 11

1-4　Windows で開発環境を作ろう 15

1-5　macOS で開発環境を作ろう 35

Chapter 2 プログラミングのはじめの一歩　47

2-1　Web アプリケーションについて 48

2-2　Ruby について知ろう 57

2-3　Rails について知ろう 71

Chapter 3 Web アプリケーションを 作ってみよう　77

3-1　Web アプリケーションづくりの第一歩 78

3-2　日記を投稿する画面を作ってみよう 88

3-3 画像ファイルをアップロードする機能を追加しよう............97

3-4 デザインをきれいにしよう..106

Chapter 4　画面のデザインを変えてみよう　125

4-1 フロントエンド開発の大切な3つの要素..........................126

4-2 一覧画面と参照画面のデザインを変えよう 133

4-3 サムネイルを作成・表示しよう 152

Chapter 5　ログイン・ログアウト機能を追加しよう　159

5-1 gemを使ってログイン機能を追加しよう..........................160

5-2 ログイン機能を完成させよう 174

5-3 ログアウト機能を完成させよう 181

5-4 ログイン済みユーザーだけが日記を投稿・編集できるようにしよう 184

5-5 ログイン画面・ユーザー登録画面のデザインを変えよう ...193

Chapter 6　バージョン管理システムを使ってみよう　207

6-1 プログラムを管理する仕組み 208

6-2 Gitを使ってみよう 213

6-3 GitHubを使ってみよう 221

Chapter **7** **Rubyを学ぼう** 239

7-1 ファイルに書いたプログラムを実行してみよう 240

7-2 おみくじプログラムを作ってみよう 243

7-3 おみくじプログラムを拡張しよう 246

付録 **プログラミングを続けよう** 253

A-1 プログラムを書き続けよう 254

A-2 コミュニティに参加しよう 256

COLUMN

Rubyのインストールでエラーが起きた 41

Railsのインストール後にバージョン番号が表示されない 43

macOSでのcommand not foundエラー 45

世界中のWebサーバーの中から1つのWebサーバーをどうやって見つけるの？ 54

名前重要 69

いろいろなRuby 70

DRY（Don't Repeat Yourself）原則 75

rails newコマンドでエラーになった 80

ディレクトリについて 84

code . コマンドでVS Codeが起動しない 86

rails serverコマンドでエラーになった 93

URLのパスについて 96

エラー画面を味方につけよう 166

Webアプリケーションをインターネットに公開しよう 238

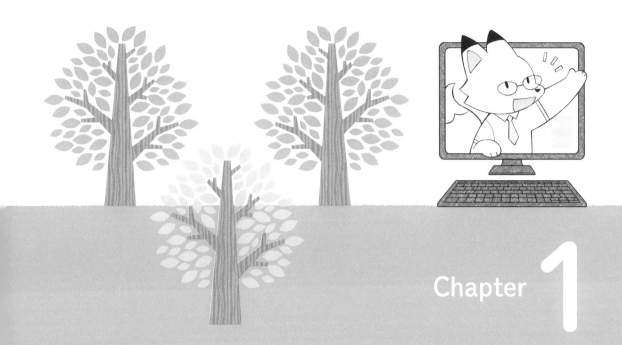

Chapter 1

自分のコンピューターに開発環境を作ろう

本書では Ruby on Rails を利用して、シンプルな Web アプリケーションを作っていきます。

まずは、自分のコンピューターに Web アプリケーションを作っていくための環境を用意しましょう。

1-1

インストールをはじめる前に

本章では、次のものをインストールします。

- テキストエディター
- ブラウザ
- Git
- Ruby
- Ruby on Rails
- ImageMagick

　これからインストールするアプリケーションの中には、サイズが大きいものがあります。インターネット回線によっては、数時間かかる場合もあるので、時間に余裕をもってインストールしましょう。

　テキストエディター・ブラウザのインストール方法は、「1-2. テキストエディタをインストールしよう」、「1-3. ブラウザをインストールしよう」で説明しています。Git・Ruby・Ruby on Rails・ImageMagickのインストール方法は、WindowsとmacOSのOS別に手順を説明します。Windowsをお使いの場合は「1-4. Windowsで開発環境を作ろう」、macOSをお使いの場合は「1-5. macOSで開発環境を作ろう」に進んでください。

　また、本書の中で「ターミナルでコマンドを実行してみましょう」のような説明が出てきます。ターミナルは、「コマンド」と呼ばれるコンピューターへの命令を入力して実行するもので、マウス操作だけでは行えないコンピューターへの命令を実行することができるようになります。お使いのコンピューターがWindowsの場合はコマンドプロンプト、macOSの場合はターミナルとなりますが、本書では呼び方を「ターミナル」で統一しています。それぞれのOSでのターミナル起動方法とコマンドの実行方法を説明します。

 Windowsの場合

コマンドプロンプトを起動してみましょう。

1. スタートボタン（画面下[注1]に表示されているWindowsのロゴ）をクリックします。
2. 検索欄が表示されたら、「コマンド」と入力して、[Enter]キーを押します[注2]。
3. 表示された検索結果の中から、「コマンドプロンプト」をクリックします。右側に表示された「開く」をクリックします。

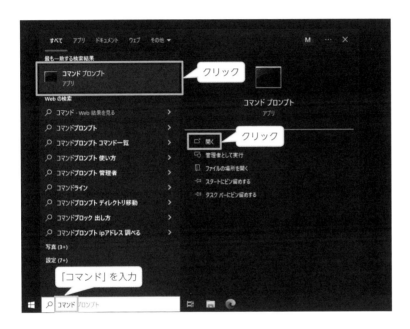

　コマンドプロンプトが起動すると、次のように表示されます。your-nameに自分のアカウント名が表示されます。

```
C:¥Users¥your-name>
```

注1 Windowsの設定を変更している場合は、他の場所に表示されます。スタートボタンが表示されていないときには、キーボードのWindowsキー（Windowsのロゴが刻印されているキー）を押すと、スタートボタンをクリックしたときと同じ状態になります。

注2 入力欄が表示されない場合、メニューが表示された状態で「コマンド」と入力して、[Enter]キーを押すと検索結果が表示されます。

```
コマンド プロンプト                                          —    □    ×
Microsoft Windows [Version 10.0.19044.2251]
(c) Microsoft Corporation. All rights reserved.

C:¥Users¥        >
```

コマンドを実行するときは、>の後ろにコマンドを入力し、Enter キーを押します。

 macOSの場合

ターミナルを起動してみましょう。

1. メニューバーのSpotlightアイコン（虫眼鏡のアイコン）をクリックするか、command + Space を同時に押して、Spotlightを起動します。
2. 検索フィールドに「ターミナル」と入力し、検索結果の中から「ターミナル」をクリックします。

　ターミナルが起動すると、次のように表示されます。your-nameに自分のアカウント名が、machine-nameに自分のコンピューター名が表示されます（macOSのバージョンや設定の違いで、表示は異なる場合があります）。

```
[your-name@machine-name] ~ $
```

```
● ● ●                    📁        — -zsh — 80×24
Last login: Tue Nov  8 19:58:15 on ttys000
[        @        ] ~ $ █
```

コマンドを実行するときは、$の後ろにコマンドを入力し、Enter キーを押します。

1-2 テキストエディターをインストールしよう

　プログラムを書くために、テキストエディター（以降、エディター）を使います。エディターは、文章やプログラムを書くために利用するアプリケーションです。Windowsでは「メモ帳」、macOSでは「テキストエディット」が標準でインストールされています。これらを利用してプログラムを書くこともできますが、プログラムを書くには機能がシンプルで使いにくいです。そこで、プログラムを書くときに便利なエディターをインストールしましょう。

　本書ではVisual Studio Code（以降、VS Code）を利用する想定で説明しています。普段利用しているエディターや好きなエディターがある場合は、そちらを使ってください。VS Codeは、公式サイトの「Visual Studio Code」（https://code.visualstudio.com/）にアクセスして、インストーラーをダウンロードしてインストールします。公式サイトにアクセスしたOSによって、適切なダウンロードファイルが自動的に選択されます（画像はWindowsでアクセスした場合のものです）。

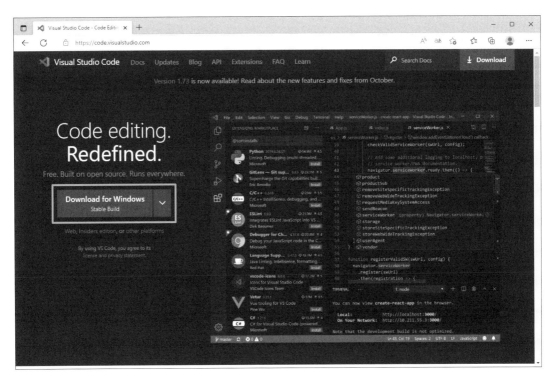

　「Download for Windows」（macOSの場合、「Download Mac Universal」）をクリックして、ファイルをダウンロードします。

Windowsの場合

「VSCodeUserSetup-x64-d.d.d.exe」注3 というファイルがダウンロードされます。

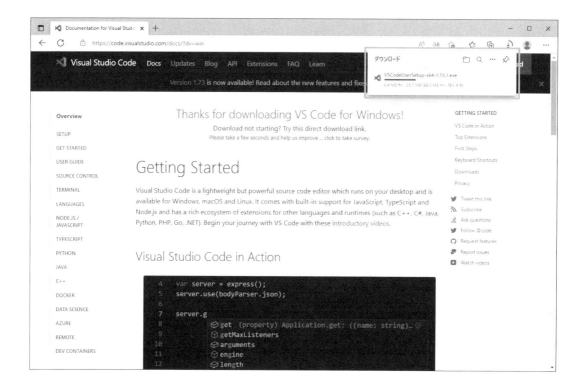

　ダウンロードが完了したら、そのファイルをクリックして、インストーラーを起動します。そのあと、説明にしたがってインストールしてみましょう。

　インストーラーが起動すると、使用許諾契約書の同意が表示されます。「同意する（A）」を選択して「次へ（N)>」ボタンをクリックします。

注3　ファイル名のうち、「d.d.d」は、実際にはダウンロードしたタイミングでの最新版のバージョン番号が表示されます（2022年11月現在、1.73.1が最新です）。

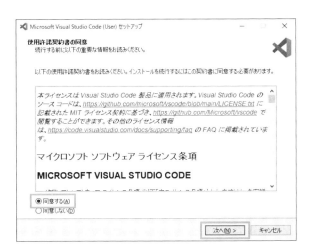

インストール先の指定を行います。特に変更する必要はありません。「次へ (N)>」ボタンをクリックします (変更したい場合は、「参照 (R)」ボタンをクリックし、インストール先を指定します)。

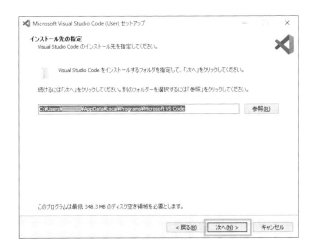

スタートボタンを押したときに表示されるスタートメニューの名前を指定します。「Visual Studio Code」から変更せずに、「次へ (N)>」ボタンをクリックします。

追加タスクの選択を行います。

「デスクトップ上にアイコンを作成する」と「PATHへの追加（再起動後に使用可能）」にチェックを入れて「次へ（N)>」ボタンをクリックします（他のタスクは、そのままで構いません）。

先ほど選択したインストール先ディレクトリ・スタートメニュー・追加タスクの内容が表示されていることを確認して、「インストール（I)」ボタンをクリックします。

インストール中は、「インストール状況」が表示されます。完了するまでそのまま待ちます。

インストールが完了したら、「Visual Studio Codeを実行する」がチェックされていることを確認して、「完了」ボタンをクリックします。VS Codeが起動するのを確認したら、インストールで更新した内容を反映させるため、Windowsの再起動を行ってください。

 # macOS の場合

「VSCode-darwin-universal.zip」というファイルがダウンロードされます。ダウンロードしたZIP ファイルをダブルクリックして解凍すると「Visual Studio Code.app」というファイルが展開されます。このファイルを、Finderのサイドバーにある「アプリケーション」へドラッグ＆ドロップします。

これでインストールは完了です。なお、インストールについての詳細や最新の情報が必要な場合は、VS Codeのドキュメント（英語）を参照してください。

- **Windows**
  https://code.visualstudio.com/docs/setup/windows#_installation/
- **macOS**
  https://code.visualstudio.com/docs/setup/mac#_installation/

1-3 ブラウザをインストールしよう

　ブラウザはWebアプリケーションを表示するために利用します。Windowsでは「Microsoft Edge」、macOSでは「Safari」が標準でインストールされています。これらのブラウザの利用もできますが、ブラウザによってWebアプリケーションの見え方が少し異なります。本書ではOS間での差異をできるだけ少なくするため、Google Chromeを利用して説明します。

　Google Chromeは、公式サイトの「Google Chrome」(https://www.google.com/intl/ja_jp/chrome/)にアクセスして、インストーラーをダウンロードしてインストールします。公式サイトにアクセスしたOSによって、適切なダウンロードファイルが自動的に選択されます（画像はWindowsでアクセスした場合のものです）。

　「Chromeをダウンロード」をクリックして、ファイルをダウンロードします。

Windowsの場合

「ChromeSetup.exe」というファイルがダウンロードされます。合わせてインストール手順がブラウザに表示されます。

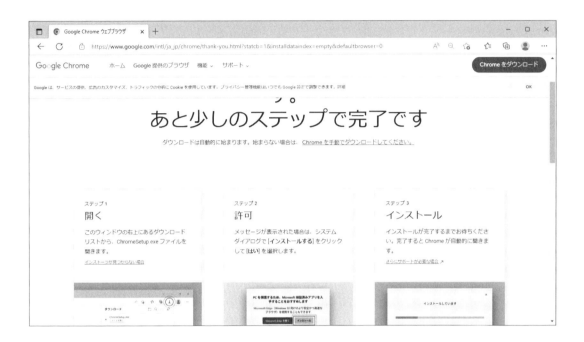

　この手順にしたがい、ダウンロードしたファイルを開いて、インストーラーを起動します。

　コンピューターへのインストールを確認するダイアログが表示されたら、「はい」をクリックします注4。

注4　管理者権限のないアカウントの場合、「いいえ」をクリックすると、「管理者権限なしでインストールできます。続行しますか？」のダイアログが表示されます。このダイアログで「はい」をクリックすると、インストールが行えます。

そのあと、インストールが完了するまで待てば、インストールは完了です。

 macOSの場合

「googlechrome.dmg」というファイルがダウンロードされます。合わせてインストール手順がブラウザに表示されます。

この手順にしたがい、ダウンロードしたファイルを開いて、インストーラーを起動します。「Google Chorme.app」を、「アプリケーション」のショートカットアイコン（青いディレクトリのアイコン）へ、ドラック＆ドロップします。

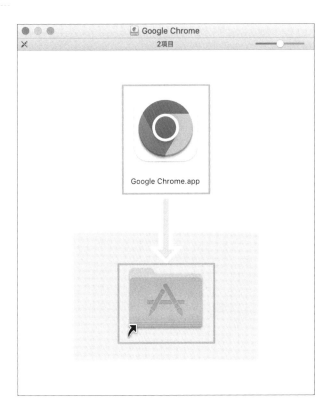

これでインストールは完了です。

1-4 Windowsで開発環境を作ろう

お使いのコンピューターがWindowsの方は、次の手順に沿って環境を作っていきましょう。

 ## アカウントの確認

コマンドプロンプトを起動してみましょう。your-nameのところに、自分のアカウント名が表示されます。このアカウント名に半角アルファベット・数字以外（漢字やひらがなamong）を含む場合、エラーが発生するかもしれません。エラーを防ぐため、半角アルファベット・数字のみのアカウントで環境を作るようにします。

```
C:¥Users¥your-name>
```

また、インストールの途中、お使いのコンピューターの管理者パスワードの入力を求められる場合があります。インストール前に、管理者パスワードを確認しておいてください。

 ## システムの確認

Windows10には32ビット版と64ビット版があります。入力したコマンドの命令処理を行うCPUというものがあり、32ビットと64ビットのものがあります。CPUはコンピューターのデータ処理を行う頭脳部分で、タイプ（32ビット/64ビット）が異なるアプリケーションでは、動作が遅くなったり、動かなくなったりする場合もあります。インストールする前に必ず確認を行い、正しいアプリケーションをインストールするようにします。

Windowsマークのキーを押すと、メニューが表示されます。メニューから設定（歯車）をクリックすると、設定画面が表示されます。

16

設定画面のシステムをクリックすると、システムのプロパティ画面が表示されます。

　システムのプロパティ画面の左側にある一覧の一番下の詳細情報をクリックすると、画面右側に詳細情報が表示されます。詳細情報のシステムの種類に、32ビット/64ビットのどちらかが表示されます。本書では32ビットは対応しておりません。

Gitのインストール

　Gitは、プログラムなどの変更履歴を管理するシステムです（詳しくは、6章で説明します）。本書で利用するRubyや、Ruby on Rails以外にも多くのソフトウェアがGitで管理されています。インストーラーを使って、Gitをインストールします。

Gitインストーラーのダウンロード

　ブラウザで、Gitのダウンロードページ「git - Downloads」（http://git-scm.com/downloads/）にアクセスします。

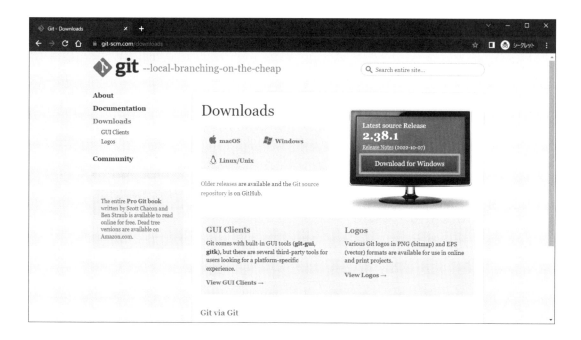

　Gitのダウンロードページで、「Downloads for Windows」をクリックして、Windows用のダウンロードページを開きます。Standalone Installerの下の「64-bit Git for Windows Setup.」リンクをクリックしてダウンロードします。

Git のインストール

　ダウンロードが完了したら、そのファイルをクリックして、インストーラーを起動します。そのあと、説明にしたがってインストールします。コンピューターへのインストールを確認するダイアログが表示されたら、「はい」をクリックします。

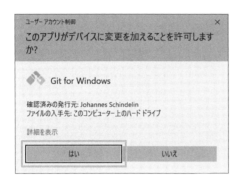

　ライセンス画面が表示されます。「Next」ボタンをクリックします。

　インストール先のディレクトリを指定します。特に変更する必要はありません。「Next」ボタンをクリックします。

　インストールするコンポーネントを選択します。すべてデフォルトの選択のままで、「Next」ボタンをクリックします。

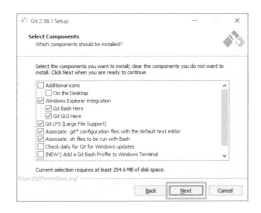

　スタートボタンを押したときに表示されるスタートメニューの名前を指定します。Gitのままで、「Next」ボタンをクリックします。

Gitを操作するときのエディターを選びます。「Use Visual Studio Code as Git's default editor」を選択して、「Next」ボタンをクリックします。使い慣れているエディターがあれば、リストから選択します。

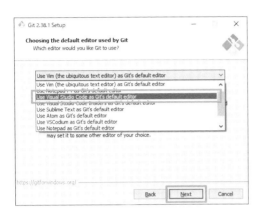

Gitで操作するときのデフォルトブランチ名を設定します。「Override the default branch name for new repositories」を選択し、「main」と入力して、「Next」ボタンをクリックします。

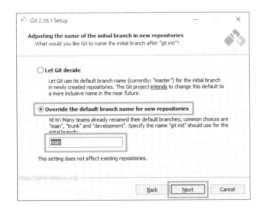

以降は、Git使用時のオプションを設定します。デフォルトの選択のままで、「Next」ボタンをクリックしていきます。

次の画像は、最後の設定画面です。「Install」ボタンをクリックすると、インストールが始まります。

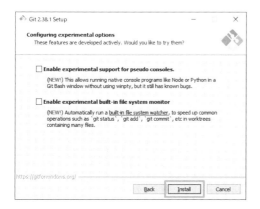

インストールが完了すると、次の完了画面が表示されます。「View Release Notes」のチェックを外し、「Finish」ボタンをクリックします。

Rubyのインストール

RubyInstallerというインストーラーを使って、Rubyをインストールします。

RubyInstaller のダウンロード

RubyInstallerの公式サイト「RubyInstaller for Windows」(https://rubyinstaller.org/) にアクセスして、インストーラーをダウンロードしてインストールします。「Download」をクリックして、ダウンロードページを開きます。

　ページ内にあるWITH DEVKITの下に、「Ruby+Devkit d.d.d-d」というリンクが複数確認できます。d.d.d-dはRubyのバージョンを表していて、バージョン番号が大きいものが最新バージョンになります[注5]。

　バージョン番号の後ろの「(x86)」/「(x64)」は1-4にある「システムの確認」で確認した32ビット/64ビットの違いによるものです。本書では、Ruby3.1の最新のバージョンをインストールします。この中にある「Ruby+Devkit 3.1.d-d (x64)」のうち、一番バージョン番号が大きいもの（次の図の場合では、「Ruby+Devkit 3.1.3-1(x64)」）のリンクをクリックしてインストーラーをダウンロードします。

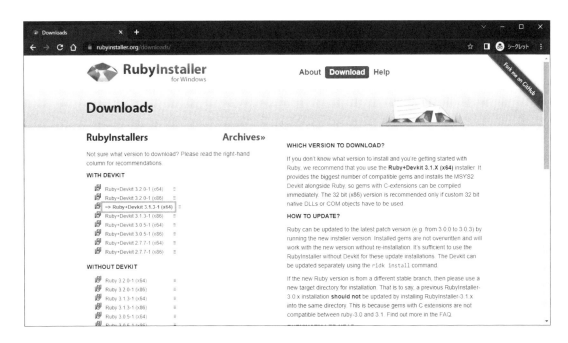

Ruby のインストール

　ダウンロードしたファイル「ruby-installer-devkit-d.d.d-d-xdd.exe」をクリックして、インストーラーを起動します。インストーラーが起動すると、ライセンス画面が表示されます。

　「I accept the License」を選択し、「Next」ボタンをクリックします。

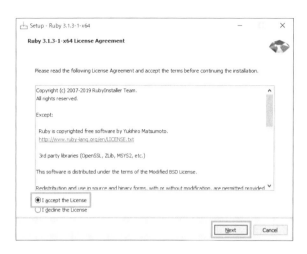

　インストール先のディレクトリ選択とオプションを指定します。すべてデフォルトの選択のままで、「Install」ボタンをクリックします。

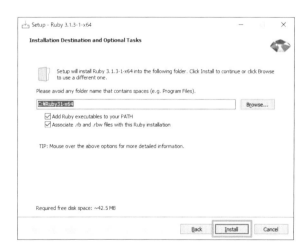

　コンポーネントの選択をします。すべてデフォルトの選択のままで、「Next」ボタンをクリックします。

インストールが開始されます。

インストールが終了すると、次の画面が表示されます。チェックはチェックしたまま、「Finish」ボタンをクリックします。

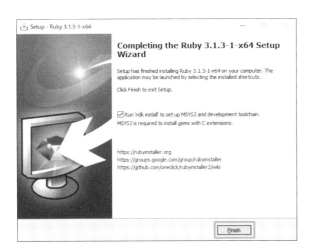

ターミナルが起動して、次の画面が表示されます。何も入力せずに [Enter] キーを押します。

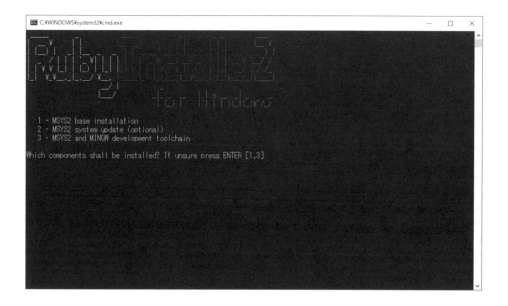

インストールが開始されます。

インストールが終了すると、次の画面のような、最初と同じメッセージが表示されます。 Enter キー
を入力します (ターミナル画面が閉じます)。

Ruby のバージョン確認

ターミナルを起動して、次のコマンドを実行して Ruby がインストールされたか確認しましょう。

```
ruby -v
```

次のように ruby 3.1.3 と表示されたら、インストール完了です（ruby 3.1.3 から後の値は、環境や
タイミングにより異なる場合があります）。

```
ruby 3.1.3p185 (2022-11-24 revision 1a6b16756e) [x64-mingw-ucrt]
```

Ruby の関連プログラムのダウロード先の更新

これからプログラムを作るために必要な関連プログラムのダウンロード先を更新します。ターミナ
ルで次のコマンドを実行します（コマンド実行後、ターミナルには何も表示されません）。

```
ridk exec sh -c "sed -e '/repo.msys2.org/ s/Serv/#Serv/' -i /etc/pacman.d/mirrorlist.*"
```

ターミナルで次のコマンドを実行すると、更新されたダウンロード先が表示されます。

```
ridk exec sh -c "cat /etc/pacman.d/mirrorlist.*"
```

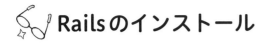 Railsのインストール

Rubyがインストールできたら、Railsをインストールしていきましょう。

ターミナルで、次のコマンドを実行してRailsをインストールします。本書では、Rails 7.0.4を使用するため、-v 7.0.4というオプションを指定してインストールを行います[注6]。

ターミナルで次のコマンドを実行します。

```
gem install -v 7.0.4 rails
```

インストールが完了したら、次のコマンドを実行してRailsのバージョンを確認してみましょう（7.0.4.2のようにバージョンが1桁増えて表示される場合があります）。

```
rails -v
```

```
Rails 7.0.4
```

Bundlerのインストール

次は、Bundlerというgem（ライブラリ、パッケージ）をインストールします。BundlerはRailsアプリケーションで使用するgemのバージョンや依存関係[注7]を管理するライブラリです。3章からRailsアプリケーションを作っていく中で使用します。

ターミナルで次のコマンドを実行します。

```
gem install -v 2.3.26 bundler
```

インストールが完了したら、次のコマンドを実行してBundlerのバージョンを確認してみましょう。

```
bundler -v
```

```
Bundler version 2.3.26
```

注6　-vオプションを指定することで、インストールするバージョンを指定できます。バージョンを指定しない場合は最新のバージョンがインストールされます。

注7　gem（ライブラリ）は、他のgemに依存して作られることも多くあります。gemが使う他のgemのバージョンが合っていないことで、動かなくなることもあるため、その関係性を管理する必要があります。

ImageMagickのインストール

最後に、画像ファイルのフォーマット変換・サイズ変更・画像の合成など、画像ファイルをいろいろ編集できるアプリケーションImageMagick^{イメージマジック}をインストールしていきましょう。

ImageMagick インストーラーのダウンロード

ブラウザで、ImageMagick公式サイト「ImageMagick」(https://imagemagick.org/) にアクセスします。

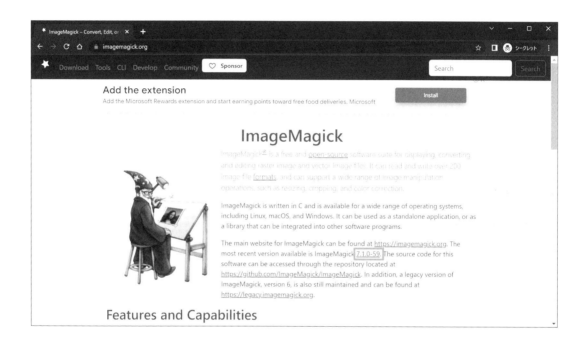

　ページ内に最新リリースバージョンのリンク[注8]があるのでクリックすると、ダウンロードページが開きます[注9]。ページの先頭に「Windows Binary Release」のリンクがあるのでクリックして、Windows用のダウンロード項目まで移動してください。

注8　バージョンは異なります。

注9　ブラウザの URL 欄に、`https://imagemagick.org/script/download.php#windows/` を直接入力してアクセスして、ダウンロードページを開く方法もあります。

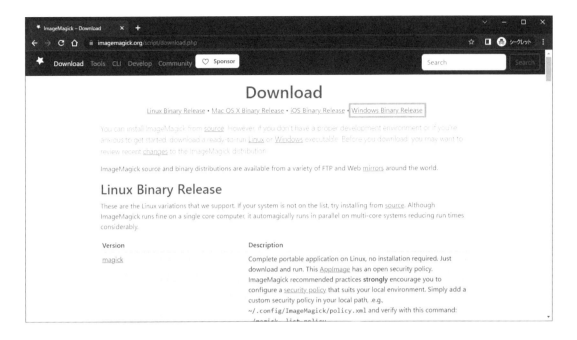

　ページ内に「ImageMagick-d.d.d-xxxx-vvv-ttt.exe」というリンクが複数確認できます。d.d.dは ImageMagickのバージョン、その他はインストールされるコンポーネント（プログラムを構成する部品）の種類などを表しています。「ImageMagick-d.d.d-HDRI-x64-dll.exe」のリンクをクリックし、インストーラーをダウンロードします。

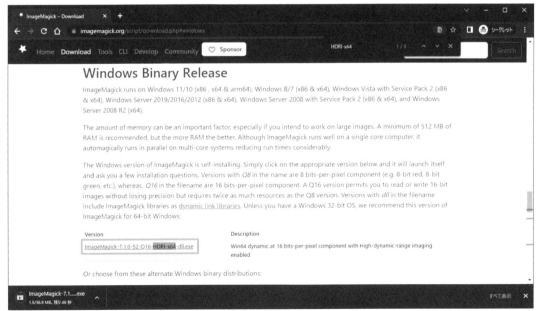

ImageMagick のインストール

　ダウンロードが完了したら、そのファイルをクリックして、インストーラーを起動します。コンピューターへのインストールを確認するダイアログが表示されたら、「はい」をクリックします。

　次にライセンス画面が表示されます。「I accept the agreement」を選択し、「Next」ボタンをクリックします。

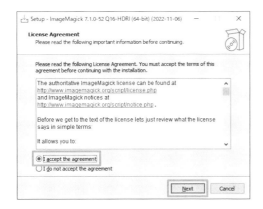

　ImageMagickに関するお知らせが表示されるので、確認して「Next」ボタンをクリックします。

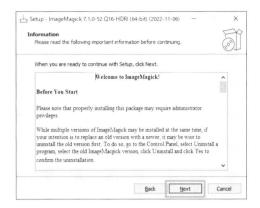

インストール先のディレクトリを指定します。特に変更する必要はありません。「Next」ボタンをクリックします。

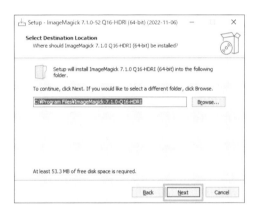

Windowsボタンを押したときに表示されるスタートメニューの名前を指定します。そのまま「Next」ボタンをクリックします。

　追加でインストールするオプションを選択します。デフォルトの選択のままで、「Next」ボタンをクリックします。

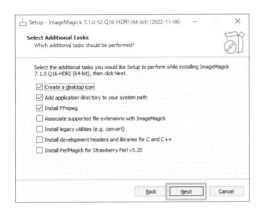

　インストールの準備ができました。「Install」ボタンをクリックすると、インストールが始まります。

　ImageMagickを試す方法などのお知らせが表示されます。ここはそのまま、「Next」ボタンをクリックします。

34

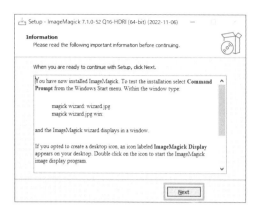

インストールが完了しました。

「View index.html」のチェックを外し、「Finish」ボタンをクリックして終了したあと、Windows の再起動を行ってください。

以上で環境構築は完了です。おつかれさまでした。

1

macOSで開発環境を作ろう

お使いのコンピューターがmacOSの方はこちらの手順に沿って環境を作っていきましょう。

macOSバージョンの確認

macOSのバージョンを確認しましょう。ターミナルで次のコマンドを実行します。

```
sw_vers
```

すると、次のような結果が表示されます（表示される内容はお使いのコンピューターによって異なります）。

```
ProductName:    mac OS
ProductVersion: 11.7.4
BuildVersion:   20G1120
```

ここで表示された結果のうちProductVersionに表示された数字が11以上の数字であることを確認しましょう（先ほどの例の場合は11.7.4）。

もし11より小さい（10.15など）場合は、Apple公式サイトの「MacのmacOSをアップデートする」(https://support.apple.com/ja-jp/HT201541) を参考にして、macOSのアップデートを実施してください。

ユーザーの種類の確認

macOSには、ユーザーの種類がいくつかありますが、開発環境を作るためにはユーザーの種類が「管理者」である必要があります。

アップルメニュー（左上にあるリンゴのマーク）をクリックして、「システム環境設定（またはシステム設定）」を選択します。そのときに表示されるダイアログから「ユーザとグループ」をクリックすると、ユーザーの一覧が表示されます。

現在のユーザー名のところに「管理者」と表示されていれば、ユーザーの種類は管理者です。もし、管理者でない場合は、ユーザーの種類を「管理者」に変更してから作業を実施してください。

利用しているシェルの確認

macOSでは、ターミナルでコマンドを実行することで、コンピューターへ処理を命令することができます。このコンピューターへの命令するときに利用しているツールのことをシェルといいます。シェルにはいくつかの種類があります。自分のコンピューターがどのシェルを利用しているのか確認しましょう。ターミナルで次のコマンドを実行します。

```
echo $SHELL
```

表示された結果によって次のようになります。この情報は後ほどGitやRubyのインストールするときに利用するので、自分の環境がどちらのシェルを利用しているか覚えておきましょう。

- /bin/bashとターミナルに表示された場合：bash
- /bin/zshとターミナルに表示された場合：zsh

パッケージマネージャーのインストール

macOSで環境を作るために、コンピューターへのアプリケーション[注10]のインストールやバージョンアップ、削除などが簡単に行えるパッケージマネージャーと呼ばれるツールを最初にインストールします。今回は、macOSでよく利用されているパッケージマネージャーのHomebrewをインストールします。

必要なツールをインストールする

Homebrewをインストールするために必要となる、「Command line tools for Xcode」というコマンドラインツール[注11]をインストールします。ターミナルで次のコマンドを実行します。

```
xcode-select --install
```

注10　macOSでは、アプリケーションのことを「パッケージ」と呼ぶ場合もあります。

注11　コマンドラインツールとは、ターミナル上で利用できる便利なコマンドがいくつもまとまっているツールのことです。

　次のようなダイアログが表示されたら「インストール」ボタンをクリックします。以降は画面の指示にしたがって進めていきましょう。

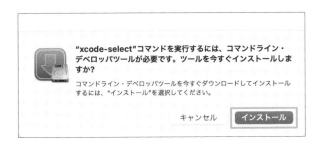

　「ソフトウェアがインストールされました」というメッセージが表示されたらインストール完了です。

　もし、コマンドを実行したあとに次のメッセージが表示された場合には、すでに「Command line tools for Xcode」がインストールされています。次のHomebrewのインストールに進んで大丈夫です。

```
xcode-select: error: command line tools are already installed, use "Software Update" to ⏎
install updates
```

Homebrewをインストールする

　次にHomebrewをインストールします。インストールをはじめる前に、コンピューターにHomebrewがインストールされているかを確認しましょう。Homebrewのバージョンを確認する、次のコマンドを実行します。

```
brew -v
```

　Error: Unknown command: brewというエラーが表示された場合、次の手順でHomebrewをインストールします。

1. ブラウザでHomebrewの公式サイト「Homebrew」(https://brew.sh/index_ja)にアクセスします。
2. 次のような画面が表示されるので、クリップボードの形をしたアイコン（四角で囲んでいる部分）をクリックしてインストールに利用するコマンドをコピーします。

3. ターミナルに、さきほどコピーしたコマンドを貼り付けて実行します（ターミナルで、右クリックして[注12]「ペースト」を選択すると貼り付けられます）。インストール途中でパスワードの入力を求められるので、指示に従い、あなたのユーザーパスワードを入力してください。

Homebrew 3.6.12のように、バージョンが表示された場合、すでにHomebrewがインストールされています（バージョンの数字は異なる場合があります）。

Homebrewとインストールされているパッケージを更新するために、ターミナルで次のコマンドを実行します。更新には少し時間がかかります。

```
brew upgrade
```

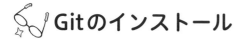 Gitのインストール

Gitは、プログラムなどの変更履歴を管理するシステムです（詳しくは、6章で説明します）。Rubyや、Rails以外にも多くのソフトウェアがGitで管理されています。macOSには初めからGitがインストールされていますが、先ほどインストールしたHomebrewを利用して、最新バージョンのGitをイ

注12 macOSの右クリック方法については、「macOS ユーザガイド Mac の右クリック」（https://support.apple.com/ja-jp/guide/mac-help/mh35853/mac）をご確認ください。

ンストールします。

　ターミナルで次のコマンドを実行して、インストールを行います。

```
brew install git
```

　インストールが完了したら、gitコマンドをターミナルで利用できるようにするための設定を行います。1-5にある「利用しているシェルの確認」で確認したシェルの種類によってコマンドが異なります。

　シェルがbashの場合は、次の2つのコマンドを順番に実行してみましょう。

```
echo 'export PATH="/usr/local/bin/git:$PATH"' >> ~/.bash_profile
source ~/.bash_profile
```

　シェルがzshの場合は、次の2つのコマンドを順番に実行してみましょう。

```
echo 'export PATH="/usr/local/bin:$PATH"' >> ~/.zshrc
source ~/.zshrc
```

　ターミナルで次のコマンドを実行して、Gitのバージョンを確認します。

```
git -v
```

　次のようにバージョンが表示されたら、インストール完了です（バージョンの数字は異なる場合があります）。

```
git version 2.38.1
```

　最後に、Gitで操作するときのデフォルトブランチ[注13]をmainに設定するため、次のコマンドを実行しておきます。

```
git config --global init.defaultBranch main
```

注13　デフォルトブランチは、Gitで履歴を管理する際に、最初に利用されるブランチ（Gitの中で履歴情報を分岐させて保存できる仕組み）のことです。

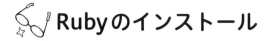Rubyのインストール

Rubyをインストールする方法はいくつかあります。ここでは、一般的によく利用されているrbenv[注14]というツールを利用して、Rubyをインストールします。

rbenvのインストールにも、先ほどGitのインストールでも利用したHomebrewを使います。

rbenv のインストール

ターミナルで次のコマンドを実行してrbenvをインストールします。

```
brew install rbenv
```

インストールが完了したら、rbenvコマンドをターミナルで利用できるようにするため、次のコマンドを実行します。1-5にある「利用しているシェルの確認」で確認したシェルの種類によってコマンドが異なります。

シェルがbashの場合は、次の3つのコマンドを順番に実行してみましょう。

```
echo 'export PATH="$HOME/.rbenv/bin:$PATH"' >> ~/.bash_profile
echo 'eval "$(rbenv init -)"' >> ~/.bash_profile
source ~/.bash_profile
```

シェルがzshの場合は、次の3つのコマンドを順番に実行してみましょう。

```
echo 'export PATH="$HOME/.rbenv/bin:$PATH"' >> ~/.zshrc
echo 'eval "$(rbenv init -)"' >> ~/.zshrc
source ~/.zshrc
```

最後にrbenvがインストールされていることを確認するため、rbevnのバージョンを確認する次のコマンドを実行します。

```
rbenv -v
```

注14　rbenv は、自分のコンピューター上に複数のバージョンの Ruby を同時にインストールすることができます。コマンドで、自分が利用したい Ruby のバージョンにいつでも切り替えることができます。また、ディレクトリごとに Ruby のバージョンを指定できるため、自分のコンピューター上で異なる Ruby のバージョンのアプリケーションを作ることができて便利です。

次のようにバージョンが表示されたら、インストール完了です（バージョンの数字は異なる場合があります）。バージョンが表示されない場合は、ターミナルを開き直してからコマンドを実行してみてください。

```
rbenv 1.2.0
```

Ruby のインストール

rbenvを利用して、Rubyをインストールします。今回は2022年11月現在での最新バージョンである3.1.3をインストールします。次のコマンドを実行します。インストールには少し時間がかかります。

```
rbenv install 3.1.3
```

最後の行に次のメッセージが表示されたらインストールは完了です（/Users/**ユーザー名**/.rbenv/versions/3.1.3の部分は、環境により異なる場合があります）。

```
installed ruby-3.1.3 to /Users/ユーザー名/.rbenv/versions/3.1.3
```

COLUMN

Rubyのインストールでエラーが起きた

もし、installed ruby-3.1.3 to /Users/**ユーザー名**/.rbenv/versions/3.1.3が表示されていない場合は次のコマンドを実行します。

```
brew install openssl@3 readline libyaml gmp
export RUBY_CONFIGURE_OPTS="--with-openssl-dir=$(brew --prefix openssl@3)"
```

その後で、もう一度rbenv install 3.1.3を実行します。

インストールが完了したら、利用するRubyのバージョンを設定するため、次のコマンドを実行します。

▼ シェルが bash の場合

```
rbenv global 3.1.3
source ~/.bash_profile
```

▼ シェルが zsh の場合

```
rbenv global 3.1.3
source ~/.zshrc
```

最後に、インストールしたバージョンが利用できるようになっているか確認しておきましょう。

```
ruby -v
```

次のようにruby 3.1.3と表示されたら、インストール完了です（ruby 3.1.3から後の値は、環境やタイミングにより異なる場合があります）。

```
ruby 3.1.3p185 (2022-11-24 revision 1a6b16756e) [x86_64-darwin18]
```

Railsのインストール

Rubyがインストールできたら、Railsをインストールしていきましょう。ターミナルで、次のコマンドを実行してRailsをインストールします。本書では、Rails 7.0.4を使用するため、-v 7.0.4というオプションを指定してインストールを行います[15]。

```
gem install -v 7.0.4 rails
```

インストールが完了したら、次のコマンドを実行してRailsのバージョンを確認してみましょう。

```
rails -v
```

注 15 -vオプションを指定することで、インストールするバージョンを指定できます。バージョンを指定しない場合は最新のバージョンがインストールされます。

バージョンが表示されたら、インストール完了です（7.0.4.2のようにバージョンが1桁増えて表示される場合があります）。

Rails 7.0.4

COLUMN

Railsのインストール後にバージョン番号が表示されない

rails -v コマンドでバージョンが表示されず、次のメッセージが表示される場合があります。

```
Rails is not currently installed on this system. To get the latest version, simply type:

    $ sudo gem install rails

You can then rerun your "rails" command.
```

　その場合は、ターミナルで利用できるようにするための設定を行います。1-5にある「利用しているシェルの確認」で確認したシェルの種類によってコマンドが異なります。
　シェルがbashの場合は、次の2つのコマンドを順番に実行してみてください。

```
echo 'export PATH="$HOME/.rbenv/bin:$PATH"' >> ~/.bash_profile
source ~/.bash_profile
```

　シェルがzshの場合は、次の2つのコマンドを順番に実行してみてください。

```
echo 'export PATH="$HOME/.rbenv/bin:$PATH"' >> ~/.zshrc
source ~/.zshrc
```

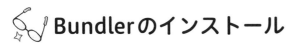 Bundlerのインストール

　次は、Bundlerというgem（ライブラリ、パッケージ）をインストールします。BundlerはRailsアプリケーションで使用するgemのバージョンや依存関係[注16]を管理するライブラリです。3章からRailsアプリケーションを作っていく中で使用します。

　次のコマンドを実行します。

```
gem install -v 2.3.26 bundler
```

　インストールが完了したら、次のコマンドを実行してBundlerのバージョンを確認してみましょう。

```
bundler -v
```

　バージョンが表示されたら、インストール完了です。

```
Bundler version 2.3.26
```

ImageMagickのインストール

　最後に、画像ファイルのフォーマット変換・サイズ変更・画像の合成など、画像ファイルをいろいろ編集できるアプリケーションImageMagickをインストールしていきましょう。

　Homebrewを利用してインストールします。ターミナルで次のコマンドを実行して、インストールを行います。

```
brew install imagemagick
```

　インストールが完了したら、次のコマンドを実行します。

```
convert
```

　ターミナルに多くのメッセージが表示されますが、メッセージの先頭部分に次のように、バージョン・ライセンスなどが表示されればインストールは完了です（バージョンの数字は異なる場合があります）。

注16　gem（ライブラリ）は、他のgemを参照して作られることも多くあります。gemが使う他のgemのバージョンが合っていないことで、動かなくなることもあるため、その関係性を管理する必要があります。

```
Version: ImageMagick 7.1.0-54 Q16-HDRI x86_64 20660 https://imagemagick.org
Copyright: (C) 1999 ImageMagick Studio LLC
License: https://imagemagick.org/script/license.php
```

（後略）

以上で環境構築は完了です。おつかれさまでした。

COLUMN

macOSでのcommand not foundエラー

　macOSでインストールをしていると、ターミナルに次のようなメッセージが表示される場合があります。

▼ シェルが bash の場合

```
-bash: rbenv: command not found
```

▼ シェルが zsh の場合

```
zsh: command not found: rbenv
```

　これは、rbenvをインストールしたときに、実行した次の3つのコマンドが影響しています。

▼ シェルが bash の場合

```
echo 'export PATH="$HOME/.rbenv/bin:$PATH"' >> ~/.bash_profile
echo 'eval "$(rbenv init -)"' >> ~/.bash_profile
source ~/.bash_profile
```

▼ シェルが zsh の場合

```
echo 'export PATH="$HOME/.rbenv/bin:$PATH"' >> ~/.zshrc
echo 'eval "$(rbenv init -)"' >> ~/.zshrc
source ~/.zshrc
```

　1つ目と2つ目のコマンドでrbenvを利用するための設定をファイルに書き、3つ目のコマンドでファイルを読み直します。設定を書くファイルは、シェルがbashの場合は「~/.bash_profile」、

シェルがzshの場合は「~/.zshrc」で、ターミナルを起動したときに自動で読み込まれます。

もし、rbenvnのインストールが正常に完了していない場合やrbenvを（インストールをし直すために）アンインストールした場合、この設定ファイルを読み込むと、「rbenvコマンドはインストールされていないよ」という意味のrbenv: command not foundというメッセージが表示されることになります。

rbenv: command not foundがターミナルに表示されたら、設定を書いたファイルを開いて、確認しましょう。ターミナルで次のコマンドを実行します[注a]。

▼ シェルが bash の場合
```
code ~/.bash_profile
```

▼ シェルが zsh の場合
```
code ~/.zshrc
```

開いたファイルから、次の2行を見つけて削除して、保存します。ファイルに複数回書いてある場合は、すべて削除してから、保存します。

```
export PATH="$HOME/.rbenv/bin:$PATH"
eval "$(rbenv init -)"
```

ターミナルで、次のコマンドを実行します。

▼ シェルが bash の場合
```
source ~/.bash_profile
```

▼ シェルが zsh の場合
```
source ~/.zshrc
```

これで、rbenv: command not foundは解消されますが、設定ファイルがrbenvをインストールする前の状態にもどっています。1-5にある「Rubyのインストール」からもう一度インストールを続けてください。

注a　codeコマンドでVS Codeが起動しないときは、3-1にある「できたファイルを確認しよう」に書いてある内容を試してみてください。

Chapter

2

プログラミングの
はじめの一歩

これから本書では、シンプルなWebアプリケーションを作っていきます。実際に作っていく前に、Webアプリケーションの仕組みと、プログラミング言語のRubyとWebフレームワークのRailsの基礎知識を学んでいきましょう。

2-1 Webアプリケーションについて

　コンピューターやスマートフォンで、Webブラウザ（ブラウザ）注1にURLを入力したり、画面のボタンやリンクを押したりすると、画面の表示が変わります。また、他の人のスマートフォンのブラウザでも同じURLを入力すると、同じ画面が表示されます。それはなぜでしょうか？

　本節では、URLを入力したとき、画面のボタンやリンクを押したときに何が起こっているのかを説明しながら、Webアプリケーションについて学んでいきます。

Webアプリケーションが表示される仕組み

　Webアプリケーションは、「Amazon」（https://www.amazon.co.jp/）や「Instagram」（https://www.instagram.com/）などのように、ユーザーが「ログインする」「検索する」「投稿する」などの操作をすると、その操作に応じた結果がブラウザに表示されるものです注2。

　Webアプリケーションの例として、「技術評論社 書籍案内のページ」（https://gihyo.jp/book/）を挙げます（以降、書籍案内のページといいます）。

注1　ブラウザはWebページを見るためのアプリケーションです。代表的なものに、Google Chrome・Safari・Microsoft Edgeがあります。

注2　Webアプリケーションによく似た言葉で、Webページというのがあります。Webページは、「Ruby リファレンスマニュアル Ruby 3.1 版」（https://docs.ruby-lang.org/ja/3.1/doc/index.html）のように、ユーザーが操作する部分もなく、誰が見ても同じ情報を表示しているものになります。

　ページにはたくさんの書籍の情報が表示されていて、検索したい用語やISBN番号から書籍の検索もできるようになっています。この書籍案内のページの「本を探す」で「Ruby」という用語を検索したときに、どのようなことが起こっているのかを考えながら、Webアプリケーションが表示される仕組みを考えてみましょう。

　次の図はコンピューターやスマートフォンのブラウザでURLを入力したり、画面のボタンやリンクをクリックしてから、画面の表示が変わるまで、何が起こっているのかを表しています。

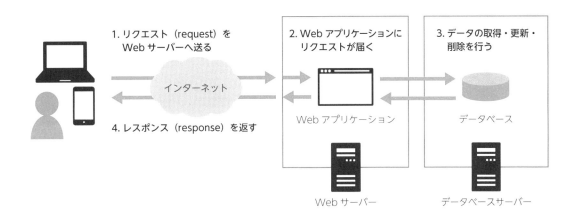

1. 「検索したい用語を入力」の入力欄に「Ruby」と入力して、「検索」ボタンをクリックすると、ブラウザからインターネットを通じて、技術評論社のWebサーバーに「Ruby」という検索文字が送られます。この情報をリクエスト（request）といいます。

2. リクエストの検索文字「Ruby」を受け取ったWebサーバー注3は、技術評論社のWebアプリケーションにリクエストを渡します。技術評論社のWebアプリケーションは受け取ったリクエストの解析や、チェックを行います。

3. 技術評論社の書籍情報が保存されているデータベース（情報の検索や更新などが簡単に行える情報の集まり）から、「Ruby」というキーワードを持つ書籍の情報を取得します。

4. データベースから取得した「Ruby」というキーワードに関連する情報を、ブラウザに表示する情報にして返します。この情報をレスポンス（response）といいます。レスポンスを受け取ったブラウザは、検索結果としてレスポンスを表示します。

注3　サーバーとは、他のコンピューターからの要求に応じて、何かしらの機能を提供するコンピューターです。Webサーバーはサーバーはデータベースを管理し、データ検索・更新などの機能を提供するサーバーの一種です。インターネット上にあったり、会社の中にあるコンピューターだったりと、さまざまな場所にあります。

ブラウザ上のボタンを押すだけでこれだけの処理が行われています。各処理についてもう少し詳しく見ていきましょう。

ブラウザからリクエストを送る

検索したい用語に「Ruby」を入力して、「検索」ボタンをクリックしたときや、ブラウザにURLを入力したときに、Webサーバーを経由してWebアプリケーションに情報が送られます。この情報をリクエストといいます。

リクエストには、次の情報を含んでいます。

- URL … リクエストを送るWebサーバー・Webアプリケーションの情報を知る
- メソッド（HTTPメソッド）… Webアプリケーションで行う処理を知る
- パラメータ … Webアプリケーションで行う処理に必要な情報を知る

これから、この3つの情報について詳しく見ていきましょう。

URL

URLは、リクエストを送るWebサーバーのアドレスと、Webサーバーで動いているWebアプリケーションのどの情報を表示するかを表しています。次は、書籍案内のページのURLです。

```
https://gihyo.jp/book/
```

URLは、httpまたはhttpsから始まります。これはプロトコルといって、ブラウザとWebサーバーとの情報をやり取りするときのルールを指定しています。httpの場合は、HTTPという名前のプロトコルを利用しているという意味になります。httpsの場合は、HTTPに暗号機能が追加されたプロトコルです[注4]。

gihyo.jpは、ドメイン名といいます。世界中のインターネット上につながっているサーバーから、リクエストを送るサーバーを見つけるための住所（アドレス）を表しています。

/bookは、Webアプリケーションの情報にアクセスするためのパスです。

注4　HTTPをよりに安全（Secure）に利用するためのもの、という意味でhttpsと名付けられています。

```
https://gihyo.jp/book/
```

└ パス。Webアプリケーションの「/book」を表示します。

└ ドメイン名。リクエストを送るサーバーの住所を表します。

└ プロトコル。暗号化して情報をやり取りします。

メソッド

リクエストには、Webアプリケーションでどのような処理を行うかの情報も送られます。これを、メソッド（HTTPメソッド）といいます。主に使うメソッドは次になります。

HTTPメソッド	意味
GET	Webアプリケーションの処理で情報を取得する
POST	Webアプリケーションの処理に必要な情報を送信する
PUT	Webアプリケーションの処理で情報の更新を行う
DELETE	Webアプリケーションの処理で情報の削除を行う

パラメータ

書籍案内のページの「検索したい用語」に入力した検索条件（「Ruby」というキーワード）やログインIDなどの情報が送られます。これはWebアプリケーションで行う処理に必要な情報で、パラメータといいます。

たとえば、書籍案内のページで「Ruby」というキーワードを入力して本を検索したURLは、次のようになります。このURLのうち、?以降の値、type=book&query=Rubyがパラメータです。パラメータは、パラメータ名=パラメータ値で指定します。

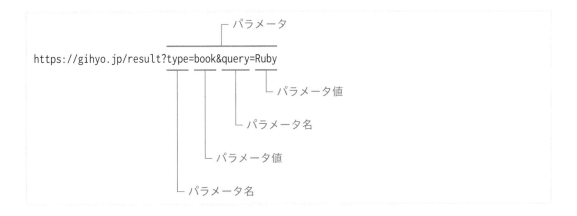

```
https://gihyo.jp/result?type=book&query=Ruby
```

┌ パラメータ

└ パラメータ値

└ パラメータ名

└ パラメータ値

└ パラメータ名

また今回の例では2種類のパラメータが送られています。具体的にはtype=bookとquery=Rubyです。このように複数のパラメータを送る際は&でつないで送ることができます。

リクエストを受け取って処理する

次は、リクエストの情報をWebアプリケーションはどのように処理をしているのかを見ていきましょう。ブラウザから送られてきたリクエスト(「Ruby」というキーワード)をWebアプリケーションが受け取り、次の処理を行います。

1. URLのパスと、HTTPメソッドから、自分のアプリケーションのどの処理を行うかを探す。一致する処理が見つからない場合にはエラーを返す。
2. 書籍情報が保存されているデータベースから「Ruby」というキーワードに関連する書籍情報を取得する。

データベース

さまざまな情報を蓄積しておくための情報の集合体です。Webアプリケーションによって蓄積する情報は異なりますが、ユーザー情報・商品情報・ユーザーの購入履歴情報など、検索や処理しやすい形で保存するものです。

ユーザー情報や商品情報などの情報の種類により、テーブルという単位で分けられ、各テーブルの1つ1つの行をレコードといいます。また、レコードのうち1つ1つの列をカラムといいます。次の図で、テーブル・レコード・カラムの関係を示します。

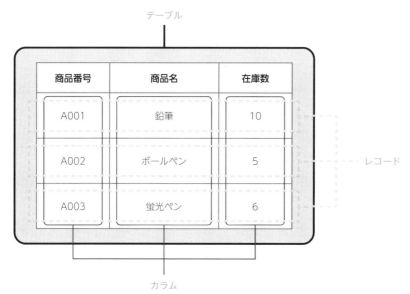

レスポンスを返す

「Ruby」というキーワードに関連する書籍情報をデータベースから取得した結果をブラウザへ返します。このとき返す結果を**レスポンス**といいます。レスポンスは、「この画面を表示したい」と送ったリクエストに対して、ブラウザで表示を行う情報（HTML・CSS・JavaScriptなど）を返します。

HTML・CSS・JavaScriptについては、4章でも説明します。

HTML

HTMLは、HyperText Markup Languageの略で、ブラウザ上で文書構造を記述するための言語です。ニュースサイトなどで、見出し・概要・詳細内容の文書構造をタグで表します。

普段よく見ているサイトをブラウザ上で開いて右クリックをし、表示されたメニューの「ページのソースを表示」をクリックしてみてください。普段目にしているサイトとは異なる、何かの呪文にも見える文字が表示されます。これが、HTMLになります。

CSS

CSSは、Cascading Style Sheetsの略で、HTMLに対してスタイル（見た目）を指定するために利用される言語です。HTMLの要素や属性に対して、文字色や背景色といった色や、ブラウザの表示位置やレイアウトなどを指定できます。

JavaScript

JavaScriptは、主にブラウザの中で動作するプログラミング言語です。Webアプリケーションで画面の動作や振る舞いを設定するのに欠かせないものです。ブラウザで郵便番号を入力したときに住所が自動補完されたり、入力した内容に誤りがあった場合に、入力欄を移動するとエラーメッセージが表示したりします。他の画面に移動することなくブラウザ上で「何か処理を行う」場合、JavaScriptを使います。

ここまでWebアプリケーションの仕組みについて学びました。次はWebアプリケーションを作るときに利用する「Ruby」の基礎を学んでいきましょう。

世界中のWebサーバーの中から1つのWebサーバーを どうやって見つけるの？

　ブラウザにURLを入力するだけで、インターネットにつながっている世界中のWebサーバーの中から、リクエストを送るWebサーバーを見つけ出して、リクエストを送ります。その仕組みはどうなっているのでしょうか？

　インターネットにつながっている世界中のサーバーはIPアドレスという数字の羅列で管理されています。わかりやすく例えると、手紙を送るときに、手紙を送りたい相手の都道府県、市町村の住所を書いて送ります。その住所は緯度経度でも表すことができます。サーバーも同じように人間にわかりやすい住所としてのURLの一部であるドメイン名[注3]と、管理するためのIPアドレスを持っているのです。

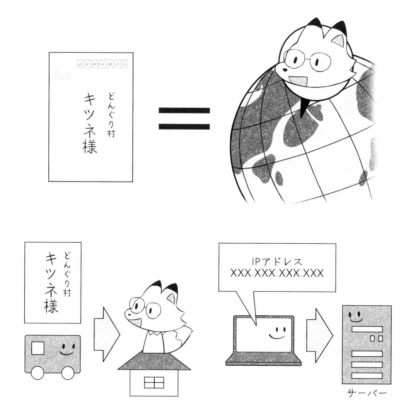

　ではドメイン名からどのようにしてIPアドレスを導き出すのでしょうか？ドメイン名からIPアドレスへ変換するには、DNS（Domain Name System）というものを使います。

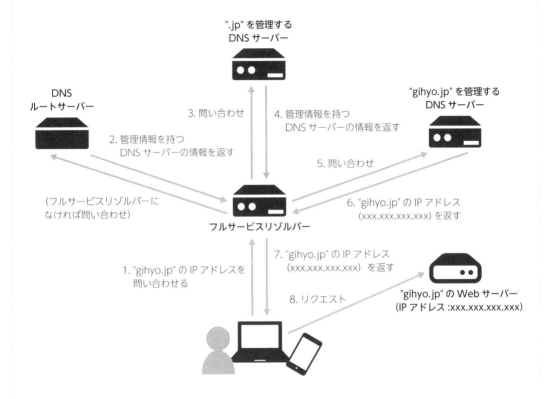

1. コンピューターやスマートフォンから、フルサービスリゾルバー（DNSキャッシュサーバーともいいます）というサーバーに"gihyo.jp"のIPアドレスを問い合わせします。フルサービスリゾルバーに、"gihyo.jp"のIPアドレスが保存されていれば、その結果を返します。保存されていない場合は、DNSルートサーバーに問い合わせします。

2. DNSルートサーバーは、".jp"を管理するDNSサーバーの情報を返します。

3. フルサービスリゾルバーは、返ってきた".jp"を管理するDNSサーバーに、"gihyo.jp"のIPアドレスを問い合わせします。

4. すると、"gihyo.jp"を管理するDNSサーバーの情報が返ってきます。

5. 返ってきた"gihyo.jp"を管理するDNSサーバーに、問い合わせします。

6. "gihyo.jp"のIPアドレスが、フルサービスリゾルバーに返ってきます。

7. フルサービスリゾルバーから、"gihyo.jp"のIPアドレスが、コンピューターやスマートフォンへ返されます。

8. 返ってきたIPアドレスをもとに、"gihyo.jp"のWebサーバーへリクエストを送ります。

　このDNSの仕組みは、手紙を送るときの仕組みとよく似ています。手紙をポストに投函すると、ポストの一番近所の集荷郵便局に集められます。もし、宛先がその集荷郵便局のエリアにあれば、その手紙はポストの一番近所の集荷郵便局から送られます。宛先が他のエリアだった場合には、手紙は、まず宛先のエリアを管理している集荷郵便局まで送られます。その後、宛先のエリアを管理している集荷郵便局から、宛先の家に届けられます。

　手紙を「ドメイン名からIPアドレスに変換するための情報」と考えると、その手紙を管理するエリアの集荷郵便局（DNSサーバー）まで経由しながらたどり着き、手紙が送られるということになります。

注a　詳細は、2-1にある「ブラウザからリクエストを送る」を参照してください。

2-2 Ruby について知ろう

Ruby（ルビー）は、まつもとゆきひろ氏（通称：Matz・Rubyのパパ）が開発した国産のプログラミング言語です。現在もまつもとゆきひろ氏と、コミッターと呼ばれる開発者を中心に開発されています。本節では、このRubyについて説明します。

プログラミング言語とは

コンピューターへの命令を書いたものをプログラムといい、そのプログラムを書くための言語をプログラミング言語といいます。プログラミング言語は、Ruby以外にもPython・Java・C言語・C++・Perlなどいろいろな言語があり、コンピューターにとっては同じ命令でも、プログラミング言語によって書き方が異なります。

たとえば、「私はりんごが好きです。」という日本語は、英語では、"I like apples." とりんごが複数形に変わります。フランス語では、"J'aime les pommes." と複数形の 'les' がつきます。プログラミング言語も、言語によって、文法や書き方が変わってくるのです。

Rubyの歴史

Rubyは1995年、インターネットのニュースグループ「fj」[注5]ではじめて公開され（Ruby バージョン0.95）、1996年12月に正式版としてRuby バージョン1.0がリリースされました。Rubyという名前は、6月の誕生石Pearl（真珠）と同じ発音をするプログラミング言語Perlに続くという意味で、次の月、7月の誕生石であるRubyが名付けられました。その後、バージョンアップを続け、国内外で普及し、2004年7月、Ruby on Railsが公開されたことがきっかけとなり、多くの人がRubyでプログラムを書くようになりました。

2011年3月22日に日本発のプログラミング言語としてはじめて、RubyはJIS規格（JIS X 3017）が制定されました。そして、2012年4月1日に日本発のプログラミング言語としてはじめて、ISO/IEC規格（ISO/IEC 30170）として承認されました。2013年にRuby2.0がリリースされてからは、1年に1度のペースでRubyのリリースが行われています。2021年12月25日にRuby 3.1.0がリリースさ

注5　ニュースグループはテーマ別に分けられた電子掲示板のことで、「fj」は、'from japan'（日本から）の意味で、電子掲示板上のトップカテゴリでした。

れ、2022年11月現在では、Ruby 3.1.3がリリースされています。

Rubyプログラムの実行

　これからRubyのお話をしていく中で、簡単なプログラムも紹介します。ただ読み進めていくのもよいのですが、本書にあるプログラムを自分でも書いて、どのように動くのかを実行して試してみることをお勧めします。実際にプログラムを実行してみて、「本ではこれについて書いてあるけど、この場合はどうするんだろう？」という好奇心がわいてきたら、本書の付録で紹介している他のサイトや書籍などで調べてみてください。

　Rubyをインストールをすると、irb（Interactive Rubyの略）という、対話形式でRubyプログラムが実行できる環境も一緒にインストールされます。irbでプログラムを1つ書くとコンピューターが即座に実行して返答してくれるので、まるでコンピューターと会話しているようにプログラムを実行できます。

　irbを起動するには、ターミナル（Windowsの場合はコマンドプロンプト）を起動します（ターミナルの起動の方法は、「1-1. インストールをはじめる前に」で説明しています）。ターミナルを起動すると、画面の一番上でカーソルが点滅表示します。

　その状態で、irbと入力したあと、 Enter キーを1回押すと、irbが起動します。

　irbが起動した状態で、Rubyプログラムをターミナルに入力していくと、自動的にプログラムが実行されて結果が表示されます。

　irbを終了するには、ターミナルの先頭にirb(main):xxx:0>と表示されているときに、exitまたはquitと入力したあとに Enter キーを1回押すか、 Ctrl ＋ D を同時に押します。

Ruby の特徴

シンプルにプログラムを書ける

　Rubyは、プログラムをシンプルに書ける言語です。実際のプログラムを見てみましょう。ターミナルでirbを起動し、次のプログラムを入力して、 Enter キーを押します。

```
puts "Hello, World!"
```

　ターミナルに次のように表示されます。

```
Hello, World!
=> nil
```

　putsは、後ろに指定した値（プログラミング用語で、引数、パラメーターといいます）をターミナルに表示（出力）する処理（命令）です。プログラミング用語では、この命令のことをメソッド（関数）といいます。「Hello, World!」は、putsメソッドで出力された文字になります。「=>」は、入力されたプログラムをirbが結果の値（戻り値）を表示するときの記号です。putsメソッドを実行した結果の値（戻り値）はnilになります。

　次は、足し算をしてみましょう。

```
puts 1 + 1
```

　ターミナルに次のように表示されます。

```
2
=> nil
```

　putsに足し算の式1 + 1を指定すると、式の結果の2が表示されます。これは、putsの引数に指定された式をRubyが解釈し、計算した結果を表示するようになっているからです。

　次は、We *love* Ruby! という文字を5回表示するプログラムです。

```
5.times { puts "We *love* Ruby!" }
```

　ターミナルに次のように表示されます。

```
We *love* Ruby!
We *love* Ruby!
We *love* Ruby!
We *love* Ruby!
We *love* Ruby!
=> 5
```

5.timesは5回を意味します。Rubyでは、{}で囲った処理は、ひとつのまとまり（ブロックといいます）として考えるので、{}で囲った処理（"We *love* Ruby!"という文字を表示する処理）を5回繰り返します。

柔軟にプログラムを書ける

Rubyはシンプルに書けるだけではなく、とても柔軟な言語です。先ほどのプログラムで、1 + 1の結果を表示するプログラムがありましたが、この+の足し算部分を、新たなメソッドを作成して置き換えることもできます。

Rubyで整数を扱うIntegerというクラスにplusというメソッドを追加してみましょう（クラスについては、このあとにある「クラスとメソッド」でも説明しています）。plusメソッドを追加する前に実行してみましょう。

```
3.plus(5)
```

次のような、整数の3を扱うIntegerクラスには、plusというメソッドは定義されていないことを伝えるメッセージが表示されます。

```
undefined method `plus' for 3:Integer (NoMethodError)
```

では、plusメソッドを追加していきましょう。プログラムの途中の#に続く説明は、コメントになります[注6]。

注6　Rubyでは、#の部分からその行の行末までをコメントとして扱います。コメントは、書かれていても直接プログラムとして扱われません。プログラムの説明や、意図などの情報を残すために使用します。

```
class Integer
  def plus(x)
    self.+(x)
  end
end

puts 1.plus(3) # 4 と表示される
puts 5.plus(2) # 7 と表示される
```

def plus(x)からendまでがplusメソッドです。plusメソッド内のself.+(x)のselfは、plusメソッドを呼んだ「自身」を指していて、1.plus(3)の「1」、5.plus(2)の「5」にあたります。

selfに続く.+(x)は、記号ばかりで難しく見えますが、オブジェクト.メソッド名（引数）にあてはめてみます。1.plus(3)の場合、1.+(3)となり、1 + 3をしています。RubyのIntegerクラスにplusメソッドを追加することができました。

プログラミング言語で、Integerクラスのようなコアとなる重要な部分に変更を加えると、プログラミング言語を作った人が意図しないエラーが発生する可能性があります。そのため、他のプログラミング言語では重要な部分の書き換えを許していないことが多いです。しかし、Rubyでは変更を許しています。そしてこれは、Rubyでプログラムを書く人（そう、あなた！）を信頼しているということでもあるのです。

gem の充実

Rubyに標準添付されている機能だけで、自分でイチからプログラムを書いて完成させるのは大変です。機能単位にパッケージ化されて公開されているライブラリ、gemというものがあります。gemは、RubyGems[注7]で公開されており、誰でも自由に使うことができます。

クラスとメソッド

Rubyプログラムを書く中で、文字列（"Hello, World!"）や数値（1や5）などいろいろな形のデータ（オブジェクト）を扱います。その形（型）によってRubyではクラスが定義されています。

もう少し簡単に説明しましょう。たい焼きを作るには、たい焼きの形をした金属製の「型」を使い、大判焼きを作るには、大判焼きの「型」を使って作ります。使いたいデータ（たい焼きや大判焼き）を作るのには、その型（クラス）が必要になります。整数を使うにはIntegerという型のクラス、文字を使うにはStringという型のクラスを使います。

Rubyには、いろいろなクラスが標準で添付されています。もともと添付されていて使えるクラスを、組み込みクラスといいます。代表的な組み込みクラスを紹介します。

注7 「RubyGems.org」（https://rubygems.org/）

オブジェクト	例	組み込みクラス
整数	1, 2, -1,	Integer
文字	"Matz", "Ruby"	String
配列	[1, 2, 3]	Array
日時	2021-03-09 22:13:55.020139948 +0900	Time
キーワード配列	{ name: "Matz", nickname: "Ruby's Dad" }	Hash

　また、クラスは独自で定義できます。Dog（犬）クラスを作り、hello メソッドを呼ぶと "わんわん" と表示するプログラムを書いてみましょう。

```
class Dog
  def hello
    puts "わんわん"
  end
end


dog = Dog.new
dog.hello # わんわん と表示される
```

　クラスの定義の開始は class クラス名 で始まり、end で終わります。ここでの Dog クラスの定義は、class Dog から、対となる end までになります。クラス名は、単語の最初の文字は大文字で始めます（アッパーキャメルケース表記[注8]で名前をつけます）。

　クラスの定義の開始である class と終わりの end の間の行は、半角スペース 2 つで右にずらし、プログラムを見やすくします。インデントといい、irb や VS Code などのエディタでは自動的にインデントするようになっています。

　次にメソッドの定義を見ていきましょう。メソッドの定義は、def メソッド名 で始め、メソッドの定義の終了は end で終わります。

　def hello から、対となる end（1 回目の end）までが、hello メソッドの定義になります。def は、"define（定義する）" を略しています。メソッド名は、クラス名と異なり小文字で命名します（スネークケース表記[注9]で名前をつけます）。

　hello メソッドの処理は、puts "わんわん" になります。puts メソッドは、後ろに書いてある "わんわん" という文字をターミナルに表示（出力）します。

　さて、これで Dog クラスと hello メソッドのプログラムができたので、この hello メソッドを実行で

注8　アッパーキャメルケースとは、「WhiteDog」のように、複数の要素の言葉をつなげる場合、「らくだのこぶ」のように、すべての要素の言葉の先頭部分を大文字で表す方法です。Ruby ではクラス名は、アッパーキャメルケース表記を使います。

注9　スネークケースとは、「hello_greeding」のように、複数の要素の言葉をへびのようなアンダースコア（_）でつないで表す方法です。Ruby のメソッドやファイル名は、スネークケース表記を使います。

きるようにしてみましょう。Dog.newで、Dogクラスのオブジェクトを作り、dog.helloでDogクラスのオブジェクトのhelloメソッドを実行しています。Dog.newとdog.helloを続けて、Dog.new.helloと書くこともできます。先ほどのプログラムの中で説明すると、次のようになります。

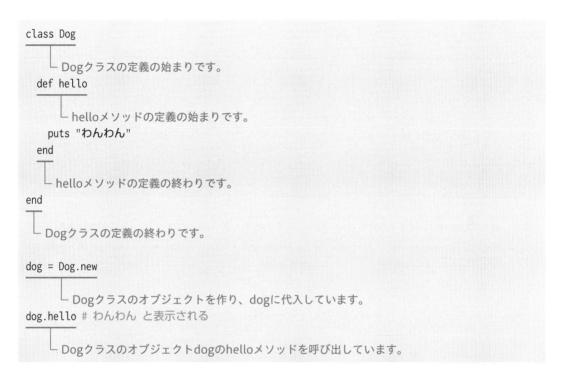

```
class Dog
      └ Dogクラスの定義の始まりです。
  def hello
        └ helloメソッドの定義の始まりです。
    puts "わんわん"
  end
      └ helloメソッドの定義の終わりです。
end
    └ Dogクラスの定義の終わりです。

dog = Dog.new
          └ Dogクラスのオブジェクトを作り、dogに代入しています。
dog.hello # わんわん と表示される
        └ Dogクラスのオブジェクトdogのhelloメソッドを呼び出しています。
```

　Dogクラスのhelloメソッドを呼び出すときにnewがついている理由は、次のクラスとインスタンスで見ていきましょう。

クラスとインスタンス

　先ほど、クラスをたい焼きの「型」に例えました。食べるたい焼き（実体）を作るためには、たい焼きの「型」に生地を流し、小豆やカスタード等のあんを入れて焼く作業が必要になります。Dogクラスのhelloメソッドを実行する前に、Dog.newとnewメソッドを呼び出すことで、インスタンス化（実体化）しています。実体化したものをオブジェクトともいいます。

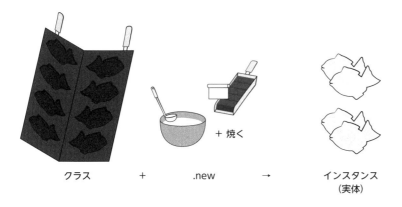

クラス　　　　＋　　　　.new　　　　→　　　インスタンス
　　　　　　　　　　　　　　　　　　　　　　　　　　　（実体）

　次は、Dogクラスに犬の名前を追加して、"名前：わんわん"と表示するプログラムを見てみましょう。

```
class Dog
  def initialize(name)
    @name = name
  end

  def hello
    puts @name + "：わんわん"
  end
end

Dog.new("きなこ").hello # きなこ：わんわん　と表示される
Dog.new("マサ").hello   # マサ：わんわん　と表示される
```

　initializeというメソッドを追加しています。initializeメソッドは、クラスをインスタンス化するときの初期処理（クラスを使うための準備処理）を行っています。Dog.newしたときに実行されます。

　このプログラムでは犬の名前を追加したいので、initializeメソッドでは、nameという引数を受け取るようにしています。メソッドの引数は、そのメソッドの中でしか使えません。つまり、initializeメソッドの引数nameは、helloメソッドでは使えないため、helloメソッドで使うためには、どこかに保存しておく必要があります。

　@name = nameを見てみましょう。=の左には@name、右にはnameがあります。算数では=の左右が同じ値であることを意味しますが、プログラムでは左側の変数（値を保存する箱）に右側の値を入れる（代入する）ことを意味しています。ここでは@name変数に、引数のnameの値を代入しています。@をつけると、Dogクラスのすべてのメソッドから自由に使える変数（このように先頭に@がついている変数を、インスタンス変数といいます）になり、helloメソッドでも使えるようになります。

親クラスからの継承

　継承とは、クラスを親と子の関係を持たせ、親クラスの機能を子のクラスにも受け継がせることです。具体的な例を見ていきましょう。

　まず、Dogクラスを参考にして、helloメソッドで"にゃー"と表示するCatクラスを作ってみましょう。

```ruby
class Cat
  def initialize(name)
    @name = name
  end

  def hello
    puts @name + "：にゃー"
  end
end

Cat.new("タマ").hello # タマ：にゃー　と表示される
```

　Dogクラスと比べてみると、initializeメソッドが同じです。さらに、"ガーガー"と表示するDuckクラス、"ガオー"と表示するLionクラスを作ろうと考えたときに、同じinitializeメソッドを作っていくのは大変です。こういうときには、共通の処理を1つのクラスにまとめ、そのクラスを引き継いだ（継承した）クラスで、共通でない部分の処理を定義します。DogクラスとCatクラスの共通の処理をAnimalクラスにまとめてみましょう。

　ターミナルで Ctrl + D を同時に押して、irbを終了します。そのままターミナルでirbと入力し Enter キーを1回押して、irbを起動し、次のプログラムを入力します注10。

```ruby
class Animal
  def initialize(name)
    @name = name
  end
end

class Dog < Animal
          └ Dogクラスが Animal クラスを継承します。

  def hello
```

注10　irbは起動してから、ターミナルに入力したプログラムを記憶しています。入力したクラス名やメソッド名と同じ名前でプログラムを書くと、エラーとなる場合があるため、irbを再起動します。

```
    puts @name + ":わんわん"
  end
end

class Cat < Animal
                    └ CatクラスがAnimalクラスを継承します。
  def hello
    puts @name + ":にゃー"
  end
end

Cat.new("ミケ").hello # ミケ:にゃー　と表示される
Dog.new("ポチ").hello # ポチ:わんわん　と表示される
```

　新しくAnimalクラスを作り、DogクラスとCatクラスで同じ処理をしていたinitializeメソッドを
まとめました。DogクラスとCatクラスに書いてあったinitializeメソッドの代わりに、Animalクラ
スのinitializeメソッドを実行するには、クラスを継承させます。

　ここでは、Animalクラスが親クラスとなり、DogクラスとCatクラスが子クラスになります。class
Dog < Animal、class Cat < Animalのように、class クラス名 < 親クラス名とクラス定義することで、
継承を表すことができます。継承したDogクラス、Catクラスは、親クラスであるAnimalクラスのイ
ンスタンス変数、メソッドを使うことができるようになります。

モジュール

　クラスはデータの型を表し、継承することで、親クラスのメソッドを使えることがわかりました。
では、親クラスを持たないクラスで、同じ処理を行うメソッドを作りたいときには、どうしたらよい
でしょうか？

　Animalクラスとは別にPlant（植物）のクラスを作り、餌（水）をあげる時間（"09:00"としましょ
う）を返すfeedメソッドを追加してみましょう。

　ターミナルで Ctrl + D を同時に押して、irbを終了します。そのままターミナルでirbと入力し
Enter キーを1回押して、irbを起動し、次のプログラムを入力します。

```
class Animal
  def feed
    "09:00"
  end
end

class Plant
```

```
  def feed
    "09:00"
  end
end

Animal.new.feed # "09:00" と表示される
Plant.new.feed # "09:00" と表示される
```

　まったく同じメソッドが、AnimalクラスとPlantクラスに作られました。2つのクラスのfeedメ
ソッドの時刻を"09:00"から"07:00"に変えるためには両方のクラスを変更する必要があります。もし
かしたら、どちらか変更するのを忘れてしまうかもしれません。そういうときに役立つのが、モジュー
ル（Module）です。先ほどのプログラムをモジュールを使って書き換えてみます。

　既にAnimalクラスとPlantクラスにはfeedメソッドがあるので、モジュールで書き換える前にirb
を再起動させましょう。ターミナルで Ctrl + D を同時に押して、irbを終了します。そのままターミナ
ルでirbと入力し Enter キーを1回押して、irbを起動し、次のプログラムを入力します。

```
module Activity
  def feed
    "09:00"
  end
end

class Animal
  include Activity
end

class Plant
  include Activity
end

Animal.new.feed # "09:00" と表示される
Plant.new.feed  # "09:00" と表示される
```

　説明すると、次のようになります。

```
module Activity
```
└─ Activityモジュールの定義の始まりです。

```
  def feed
```

```
    "09:00"
  end
end
```
└─ Activityモジュールの定義の終わりです。

```
class Animal
  include Activity
```
└─ AnimalクラスでActivityモジュールを取り込みます。

```
end

class Plant
  include Activity
```
└─ PlantクラスでActivityモジュールを取り込みます。

```
end

Animal.new.feed # "09:00" と表示される
Plant.new.feed  # "09:00" と表示される
```

　Activityというモジュールを作成し、餌（水）をあげる時間"09:00"を返すfeedメソッドを定義します。Animalクラス、Plantクラスの中で、include モジュール名と書くだけで、Activityモジュールで定義したfeedメソッドが、使えるようになります。

　ここまでRubyについての基礎を学びました。次はWebフレームワーク「Ruby on Rails」の基礎を学んでいきましょう。

COLUMN

名前重要

「名前重要」は、Rubyの作者Matzの好きな言葉[a]、設計上の座右の銘です。

わたしたちはプログラムを書くとき、クラス名・メソッド名・変数名に自由に名前をつけることができます。たとえば、2-2にある「Rubyの特徴」では、Integerクラスのplusメソッドという引数を加算するメソッドを作成しました。このときのメソッド名は、plusではなく、自分の好きな名前をつけることができます。たとえば好きなフルーツの名前（仮にpeachとします）でも作ることができます。

```ruby
class Integer
  def peach(x)
    self.+(x)
  end
end

puts 1.peach(1) # 2 と表示される
puts 5.peach(2) # 7 と表示される
```

しかし、peachというメソッド名では、何の処理をしているかが伝わりません。「自分一人で作って使うプログラムなら、peachでもいいじゃないか！」と思うかも知れません。しかし、1週間が経ち、1ヶ月、3ヶ月・・・と時が経つにつれ、「このpeachってどんなメソッドだったかな？」と忘れてしまうことはよくあります。

plusメソッドであれば、「plusだから加算するメソッド」と覚えやすい（理解しやすい）です。peachメソッドでは、「peachは加算するメソッド」と覚えたとしても、以前、自分で他の好きなフルーツの名前をつけて作ったlemonメソッドがどんな処理をしていたかを忘れてしまっているかもしれません。

「適切な名前をつけられると言うことは、その機能が正しく理解されて、設計されているということ」[b]と、Matzもいっています。名前を正しくつけることで理解しやすいプログラムになり、理解しやすいプログラムになることで、不具合も少なくなります。これからプログラミングをしていく中で、「この機能にふさわしい名前は何か」を意識して取り組んでいきましょう。

注a 「Rubyst Magazine RubyHotlinks【第1回】まつもとゆきひろさん」(https://magazine.rubyist.net/articles/0001/0001-Hotlinks.html)

注b 「プログラマが知るべき97のこと」Kevlin Henney 編、和田 卓人監修、夏目 大訳、オライリージャパン、2010年、p.220

COLUMN

いろいろなRuby

　Rubyのプログラムを動作させるには、Rubyプログラムを動かす環境が必要になります（動かす環境のことを「処理系」と表現します）。Rubyにはいくつかの処理系があります。

　一般的に「Ruby」というときはC言語というプログラミング言語で実装されているCRubyを指します。CRubyはRubyを開発したまつもとゆきひろ氏のニックネーム「Matz」からMRI（Matz Ruby Interpreter）ともいわれます。前章でWindowsやmacOSのコンピューターにインストールするのは、このCRubyになります。

　その他には、Javaが実行できる環境で動くJRubyや、IoTなどの組み込み機器向けのmrubyなどがあります。さらに詳しく知りたい方はRubyの公式サイト[注a]を参照してください。

注a　「オブジェクト指向スクリプト言語 Ruby」（https://www.ruby-lang.org/ja/about/）の「さまざまな Ruby 処理系」項目を参照。

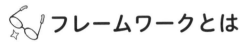

Railsについて知ろう

本書では、Ruby on Rails（以降、Rails）というフレームワークを使ってWebアプリケーションを作っていきます。Railsは、David Heinemeier Hansson氏（通称:DHH）が発表したWebアプリケーション開発のためのフレームワークです。本節では、このRailsについて説明します。

フレームワークとは

RailsはWebアプリケーション開発のためのWebフレームワークです。では、フレームワークとは何でしょうか？フレームワークとは、よくやることの共通部分をあらかじめ用意した「枠組み」です。

たとえば、ある会員制サイトのログインを行おうとして、IDとパスワードを入力して送信ボタンを押したときに、Webアプリケーションで行っている処理を考えてみましょう。

1. URLが正しいかどうかのチェックを行う。
2. リクエストを解析し、正しいリクエストかのチェックを行う（リクエストには入力したID、パスワード以外にブラウザ情報や認証情報等が含まれています）。
3. ID、パスワードが画面で入力されたかのチェックを行う。
4. 入力されたIDと一致するユーザー情報が登録されているかのチェックを行う。
5. IDが一致するユーザーのパスワードと、入力されたパスワードが一致するかのチェックを行う。
6. すべてのチェックに問題なかった場合のみ、会員ページを表示する。

無事にログインが行われ、表示された会員用のサイト内のリンクをクリックしたときに、Webアプリケーションは、また「1. URLが正しいかどうかのチェック」から処理を行うのです。この処理をすべて自分で作るのは、とても大変です。

そこで、Webアプリケーションで使用する共通の枠組みを作っておいたものがWebフレームワークというものになります。Webフレームワークを使うことにより、簡単にWebアプリケーションが作れるようになります。

Railsの歴史

2004年7月、Railsの最初のバージョンがオープンソース[注11]として発表されました。10分以下でブログが作れるという手軽さと生産性の高さから注目され、日本では、2006年頃から急速に利用が広まりました。

リリース日	バージョン
2005年12月	1.0
2007年12月	2.0
2010年08月	3.0
2013年06月	4.0
2016年06月	5.0
2019年08月	6.0
2021年12月	7.0

2022年11月現在では、7.0.4がリリースされています。

時代と共にWebアプリケーションに求められる機能は変わり続ける中で、Railsは、より高度な機能を取り込みながら、使いやすい形に進化を続けています。今では、多くのWebアプリケーションがRailsで構築されています（たとえば、Cookpad・GitHub・Airbnbなどです）。

Railsの特徴

Webアプリケーションを開発する上での最善な方法「レール（Rail）」をフレームワークで用意し、そのレールに乗ることで、簡単にWebアプリケーションを作成できるようになっています。

Railsの設計思想

Railsというフレームワークは、次の思想が含まれています。

- **同じことを繰り返さない（DRY：Don't Repeat Yourself）**
  同じ情報を複数の場所に書かないことで、プログラムの保守がしやすくなり、拡張もしやすくなります。
- **設定より規約（CoC：Convention over Configuration）**
  Railsでは、Railsの規約（約束ごと）が多く存在します。Railsの規約に従うことが、「レール（Rail）に乗る」ということで、細かい設定の記述が省略できるようになっています。

注11　オープンソースとは、オープンソースソフトウェア（OSSと略します）を指します。オープンソースソフトウェアは、そのソフトウェアのプログラムを、目的に関係なく、誰でも利用・変更・配布できます。

いろいろな機能の gem

Railsで作ったWebアプリケーションには、会員サイトのログインや、ファイルのアップロードなどいろいろな機能がついています。さまざまな機能のgemが充実しているため、簡単にいろいろな機能をもたせることができるようになっています。また、Railsもgemとして公開されています。

本書では、画像ファイルのアップロードにCarrierWave[注12]、ログインにdevise[注13]というgemを使用します。

理解しやすい MVC 構造

Railsの構造は、3つの役割であるModel・View・Controllerの頭文字をとってMVCアーキテクチャーと呼ばれます。それぞれの役割について見ていきましょう。

- **Model**

  データベースからデータを取得したり、更新したりする役割があります。データを更新するときには、チェックも行います。Modelは、Controllerからの命令で実行され、取得したデータや更新した結果をControllerへ返します。

- **View**

  ブラウザで表示するHTMLを生成します。Controllerから渡されたModelで取得したデータを使うこともできます。Viewは、Controllerからの命令でHTMLを生成し、その結果をControllerへ返します。

- **Controller**

  ブラウザからのリクエストを解析し、Modelへデータの取得や更新を命令し、結果を受け取ります。Modelの結果から、表示するHTMLの生成をViewへ命令し、受け取った結果をレスポンスとして返します。

また、リクエストのURLとRailsのControllerの紐付けをルーティングといいます。ブラウザから受け取ったリクエストは、まずRailsのルーターで処理されます。リクエストのURLから、どのControllerでの処理かを判断し、適切なControllerに処理を振り分けます。

前述した会員サイトへのログインするときの処理に合わせて、MVCのどこの部分での処理になるのかを見てみましょう。

注12 「CarrierWave」(https://github.com/carrierwaveuploader/carrierwave/)

注13 「devise」(https://github.com/heartcombo/devise/)

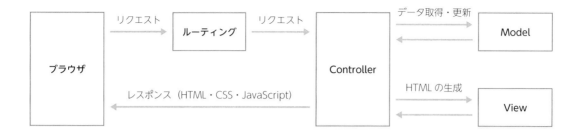

* **ルーティング**
  - URLが正しいかどうかのチェックを行う。
  - リクエストを解析し、正しいリクエストかのチェックを行う（リクエストには入力したID、パスワード以外にブラウザ情報や認証情報等が含まれています）。
  - Controllerに処理を振り分ける。

* **Controller**
  - ID、パスワードが画面で入力されたかのチェックを行う。
  - Modelの処理を実行する。
  - Modelの処理結果に合わせて、ViewでHTMLを生成してレスポンスとして、返す。

* **Model**
  - 入力されたIDと一致するユーザー情報が登録されているかのチェックを行う。
  - IDが一致するユーザーのパスワードと、入力されたパスワードが一致するかのチェックを行う。

* **View**
  - すべてのチェックに問題なかった場合、会員ページのHTMLを生成する。
  - いずれかのチェックに問題があった場合、エラーメッセージとログインページのHTMLを生成する。

　このように、Model・View・Controllerそれぞれの役割が決められていることで、「どこに」書いてある処理なのかがわかりやすくなっています。

　ここまででRailsの基礎を学びました。次章から、Railsを利用してWebアプリケーションを作っていきましょう。

COLUMN

DRY (Don't Repeat Yourself) 原則

DRYは、"Don't Repeat Yourself" の頭文字をとったもので、「繰り返してはいけない」という意味になります。どういうことなのか、具体的な例で見てみましょう。

たとえば、「りんご12個とみかん24個を3人で分ける」という例を考えてみます。Rubyで書くと、次のようなプログラムになります。

```ruby
# りんご12個を3人で分ける
apple_count = 12 / 3
puts "りんごは、ひとり#{apple_count}個ずつ" # りんごは、ひとり4個ずつ と表示される

# みかん24個を3人で分ける
orange_count = 24 / 3
puts "みかんは、ひとり#{orange_count}個ずつ" # みかんは、ひとり8個ずつ と表示される
```

プログラムについて、少し説明します。12 / 3の/は、除算（割り算）を表します。3の「割られる数」が整数の場合、整数の商が返るので、apple_countには、4が代入されます。

putsで引数の文章（"りんごは、ひとり#{apple_count}"個ずつ"）を表示します。表示する文章の中にある、#{}で囲まれた#{apple_count}は、apple_countの値（4）を、文章の中で置き換えます[注a]。

このプログラムはもちろん問題なく動作します。しかし、分ける人数が変わった場合、りんごの計算とみかんの計算を変更する必要がでてきます。今回はまだ2つだけですが、分けるものが増えていくと、変更をしていくのも大変になりますし、うっかり直し漏れも発生するかもしれません。

でも、このように、人数を変数にしておくとどうでしょう？

```ruby
# 分ける人数を宣言する
people = 3

# りんご12個をpeople人で分ける
apple_count = 12 / people
puts "りんごは、ひとり#{apple_count}個ずつ" # りんごは、ひとり4個ずつ と表示される

# みかん24個をpeople人で分ける
orange_count = 24 / people
puts "みかんは、ひとり#{orange_count}個ずつ" # みかんは、ひとり8個ずつ と表示される
```

　こうしておくと、人数が増えた場合はpeopleの値を変更するだけで済みます。次に分けるもの
が増えた場合も、peopleの値を利用すればよくなります。このようにプログラムを書くときに、
同じ意味をもつものは1箇所にまとめて書くようにするとよいというものがDRY原則です。

注a　#{}で囲った変数の値を文章の中で置き換えるのは、ダブルクォテーション("")で囲った文章の場合で、シングルクォ
　　テーション（''）の場合には、置き換えられません（'#{apple_count}' は、#{apple_count} と表示されます）。

## Chapter 3

Webアプリケーションを
作ってみよう

1章で必要なアプリケーションのインストールを行い、前章でWeb
アプリケーションの仕組みと、Ruby・Railsの基礎知識を学びました。
これで、Webアプリケーションを作る準備ができました。

それでは、これからRailsを使ってWebアプリケーションを作ってい
きましょう。

3-1 Webアプリケーションづくりの第一歩

まずはじめに、Webアプリケーションとして最低限必要な機能、「URLをブラウザに入力すると、何かしらの画面が表示される」ものをRailsの機能を使って作っていきましょう。

Railsの機能を使ってみよう

最初にこれから作っていくWebアプリケーションの名前を決めましょう。今回は、写真や自分で描いたイラストなどの画像（picture）で投稿する日記（diary）を作るので、「pdiary」という名前で作っていくことにします。

次に、Webアプリケーションを作るときの作業場所として、新しいディレクトリを作成します。ターミナル（Windowsの場合はコマンドプロンプト）を起動して、次のコマンドを実行してみましょう（コマンドの後ろにある#以降の文はコメントです。ターミナルに入力の必要はありません）。

▼ Windows の場合

```
cd %HOMEPATH% # ホームディレクトリに移動
mkdir myWebApp # myWebAppディレクトリを作成
cd myWebApp # myWebAppディレクトリに移動
```

▼ macOS の場合

```
cd ~ # ホームディレクトリに移動
mkdir myWebApp # myWebAppディレレクトリを作成
cd myWebApp # myWebAppディレクトリに移動
```

コマンドは1行書き終わるごとに Enter キーを押してから、次の行のコマンドを書きます。1行目のcdコマンドは、ディレクトリを移動するコマンドです。このコマンドでホームディレクトリ（Windowsの場合はC:¥Users¥アカウント名、macOSの場合は/Users/ユーザー名）に移動します。ホームディレクトリの指定には、Windowsの場合は%HOMEPATH%、macOSの場合は～（チルダ）を代わりに使うことができるので、コマンドではこちらを利用しています。2行目のmkdirコマンドは、ディレクトリを作成するコマンドです。このコマンドで、「myWebApp」というディレクトリを作成しています。3行目のcdコマンドで、先ほど作った「myWebApp」の中に移動します。

これから先、次のディレクトリのことを「作業ディレクトリ」と呼ぶようにします。

OS	作業ディレクトリ
Windows	C:¥Users¥アカウント名¥myWebApp
macOS	/Users/ユーザー名/myWebApp

「pdiary」は、作業ディレクトリの中に作成します。

それでは、いよいよアプリケーションを作成します。今開いているターミナルで、次のコマンドを実行してみましょう（もしターミナルを閉じてしまっていたら、再度ターミナルを起動して、cd コマンドで作業ディレクトリに移動してから、コマンドを実行します）。

```
rails _7.0.4_ new pdiary
```

コマンドを実行すると、ターミナルに英語がたくさん表示されます。コマンドの処理は、[Enter]キーを押してプロンプト[注1]が表示されるようになったら終了しています。環境によってはターミナルに情報が表示されるまでにしばらく時間がかかる場合もありますので、少し気長に待ってみてください。

```
コマンド プロンプト                                        −   □   ×

C:¥Users¥    ¥myWebApp>rails _7.0.4_ new pdiary
      create
      create  README.md
      create  Rakefile
      create  .ruby-version
      create  config.ru
      create  .gitignore
      create  .gitattributes
      create  Gemfile
         run  git init from "."
Initialized empty Git repository in C:/Users/emorima/myWebApp/pdiary/.git/
      create  app

      create  app/javascript/controllers/hello_controller.js
Import Stimulus controllers
      append  app/javascript/application.js
Pin Stimulus
Appending: pin "@hotwired/stimulus", to: "stimulus.min.js", preload: true
      append  config/importmap.rb
Appending: pin "@hotwired/stimulus-loading", to: "stimulus-loading.js", preload: true
      append  config/importmap.rb
Pin all controllers
Appending: pin_all_from "app/javascript/controllers", under: "controllers"
      append  config/importmap.rb

C:¥Users¥    ¥myWebApp>
```

注1　プロンプトは、コマンドの入力を受け付けている状態を表す記号のことで、行末に > （Windows の場合）、または $ （macOS の場合）が表示されます。

rails new コマンドでエラーになった

rails _7.0.4_ new pdiary コマンドを実行したときに、Windowsの場合、次のようなエラーが表示される場合があります。

```
コマンド プロンプト                                              ─    □    ×
Bundle complete! 15 Gemfile dependencies, 67 gems now installed.
Use `bundle info [gemname]` to see where a bundled gem is installed.
        run  bundle binstubs bundler
        rails  importmap:install
rails aborted!
TZInfo::DataSourceNotFound: tzinfo-data is not present. Please add gem 'tzinfo-data' to your Gemfile and run bundle install
C:/Users/      /myWebApp/pdiary/config/environment.rb:5:in `<main>'

Caused by:
TZInfo::DataSources::ZoneinfoDirectoryNotFound: None of the paths included in TZInfo::DataSources::ZoneinfoDataSource.search_path are valid zoneinfo directories.
C:/Users/emorima/myWebApp/pdiary/config/environment.rb:5:in `<main>'
Tasks: TOP => app:template => environment
(See full trace by running task with --trace)
        rails  turbo:install stimulus:install
You must either be running with node (package.json) or importmap-rails (config/importmap.rb) to use this gem.
You must either be running with node (package.json) or importmap-rails (config/importmap.rb) to use this gem.

C:¥Users¥      ¥myWebApp>_
```

その場合は、次の作業を行ってください。

1. C:¥Users¥アカウント名¥myWebApp¥pdiary¥Gemfile をエディターで開きます（VS Code でファイルを開きたい場合は、3-1にある「できたファイルを確認しよう」を参考にしてください）。

2. 40行目付近を次のように変更して保存します。

   ▼ 変更前

   ```
   gem "tzinfo-data", platforms: %i[ mingw mswin x64_mingw jruby ]
   ```
   └ この部分を削除します。

   ▼ 変更後

   ```
   gem "tzinfo-data"
   ```

3. 変更したら、rails _7.0.4_ new pdiaryを実行したターミナルで、次のコマンドを実行します。これで先ほどのエラーが解消されます。

   ```
   cd pdiary # 作業ディレクトリから、Railsルートディレクトリに移動
   bundle install # Gemfileに記載したgemをインストール
   ```

rails new アプリケーション名コマンド[注2]を実行すると、アプリケーション名と同じ名前のディレクトリが作成されます。このディレクトリの中にWebアプリケーションとして必要なファイルが、自動的に作成されます。

今回の場合は、作業ディレクトリの中にpdiaryというディレクトリが作成され、その中に必要なファイルが作成されています。先ほど、ターミナルに表示された英語は、「ファイルをインストールしましたよ」というメッセージ（ログ）になります。

なお、必要なファイルが作成されたpdiaryディレクトリは、「Railsルートディレクトリ」と呼びます。作業ディレクトリとRailsルートディレクトリの関係は、次のようになります。

OS	作業ディレクトリ	Railsルートディレクトリ
Windows	C:¥Users¥アカウント名¥myWebApp	C:¥Users¥アカウント名¥myWebApp¥pdiary
macOS	/Users/ユーザー名/myWebApp	/Users/ユーザー名/myWebApp/pdiary

これでWebアプリケーションの起動に最低限必要な準備ができました。さっそく、ターミナルでWebサーバーを起動してみましょう。

▼ Windows の場合

```
cd pdiary              # 作業ディレクトリから、Railsルートディレクトリに移動
ruby bin/rails server  # Webサーバーを起動
```

▼ macOS の場合

```
cd pdiary              # 作業ディレクトリから、Railsルートディレクトリに移動
bin/rails server       # Webサーバーを起動
```

Windowsを利用していて、COLUMNのエラーを解消した場合は、Railsルートディレクトリに移動済みの状態です。Webサーバーを起動するコマンドruby bin/rails serverだけを入力します。

ターミナルに表示されたメッセージの最後の行にUse Ctrl-C to stopが表示されたら、ブラウザのアドレスバー（URLを入力する欄）に、http://localhost:3000/を入力して、Enterキーを押します（この操作のことを「（URLに）アクセスする」といいます。今回の場合は「http://localhost:3000にアクセスする」といいます）。URLのドメイン名部分のlocalhostは、自分のコンピューターのことを表します。また、3000というのは、ポート番号を表しています。ポート番号とは、コンピューターがプログラムと通信するときに利用する番号で、Railsではデフォルトで3000番のポートを利用します。

注2　今回は、このコマンドの中でRailsのバージョンを指定しているため、rails _バージョン番号_ new アプリケーション名となっています。

もし、ターミナルにUse Ctrl-C to stopが表示されない場合は、次の内容をもう一度確認してみてください。

- コマンドの文字が半角になっているかどうか
- スペースが半角になっているかどうか
- Railsルートディレクトリに移動してruby bin/rails server、またはbin/rails serverコマンドを実行しているかどうか
- Webサーバーの起動コマンドruby bin/rails server、またはbin/rails serverのスペルが正しいかどうか
- 他のターミナルで、Webサーバーが起動していないかどうか。もし起動していたら、Webサーバーが起動しているターミナルで Ctrl + C を同時に押して、サーバーを停止させます
- Railsルートディレクトリの中に、tmp/pids/server.pidがないかどうか。VS Codeでpdiaryのディレクトリの一覧を表示して（表示方法は、このあとにある「できたファイルを確認しよう」で説明しています）、tmp/pids/server.pidがあれば、このファイルを右クリックして表示されるメニューから「Delete」を選択して削除します[注3]

ブラウザで、次の画面のようにRailsとRubyのバージョンが表示されたでしょうか（7.0.4.2のようにバージョンが1桁増えて表示される場合があります）。

注3　server.pid は、Web サーバーの起動時に Rails が作成して、終了するときに Rails が削除するファイルです。強制終了などで Web サーバーが停止したときに、このファイルが残ったままになることがあります。このファイルが残っていると、Web サーバーを起動するときに「すでに Web サーバーが起動している」と判断して、Web サーバーが起動しない原因になります。

Rails version: 7.0.4
Ruby version: ruby 3.1.3p185 (2022-11-24 revision 1a6b16756e) [x64-mingw-ucrt]

　これで、RailsのWebアプリケーションが作成されました。

　ruby bin/rails serverまたはbin/rails serverというコマンドは、Webサーバーを起動するコマンドです。Webサーバーが動いていないと、ブラウザでURLにアクセスしても、画面は表示されません。画面が表示されないときは、ターミナルでWebサーバーを起動するコマンドを実行して、Webサーバーが起動している状態であることを確認しましょう。Webサーバーの起動コマンドを実行しているのに、ターミナルにUse Ctrl-C to stopが表示されていないときは、先ほどのUse Ctrl-C to stopが表示されない場合のチェック項目を確認してみましょう。

　Webサーバーを停止するときには、ruby bin/rails serverまたはbin/rails serverを実行したターミナルで、[Ctrl] + [C]を同時に押します[注4]。

注4　[Ctrl] + [C] を同時に押す、とは、[Ctrl]（[Control]）キーと [C] キーを同時に押すことです。

COLUMN

ディレクトリについて

ディレクトリはファイルを保管するための入れ物ですが、今までに、さまざまな名前のディレクトリが出てきています。ここで、ディレクトリの種類について少し整理しておきましょう。

- **ホームディレクトリ**

  コンピューターのログインユーザーが持っている、自由に利用できるディレクトリのこと（Windowsの場合はC:¥Users¥アカウント名、macOSの場合は/Users/ユーザー名）。

- **作業ディレクトリ**

  作業をするためのディレクトリ。今回は、rails newコマンドでpdiaryを作成するときのディレクトリであるMyWebAppディレクトリを指しています。

- **Railsルートディレクトリ**

  Railsアプリケーションのディレクトリの中で、一番上にあたるディレクトリ。今回作成したpdiaryの場合は、作業ディレクトリの中に作成された、pdiaryディレクトリを指しています。

今回のpdiaryの場合、次のような関係になります。

> **ホームディレクトリ**
> - Windows：C:¥Users¥アカウント名
> - macOS：/Users/ユーザー名
>
> > **作業ディレクトリ**
> > - Windows：C:¥Users¥アカウント名¥MyWebApp
> > - macOS：/Users/ユーザー名/MyWebApp
> >
> > > **Railsルートディレクトリ**
> > > - Windows：C:¥Users¥アカウント名¥MyWebApp¥pdiary
> > > - macOS：/Users/ユーザー名/MyWebApp¥pdiary

また、「現在の位置」という意味で利用される<u>カレントディレクトリ</u>というものもあります。ターミナルでコマンドを実行する場合なら、プロンプト（Windowsの場合は>、macOSの場合は$）の前に表示されているディレクトリの場所を、カレントディレクトリといいます。ファイルの相対パス[注a]は、このカレントディレクトリの位置を基準にします。

▼ Windows の場合

```
C:¥Users¥your-name>
```

この場合のカレントディレクトリは、C:¥Users¥your-nameになります。

▼ macOS の場合

```
[your-name@machine-name] ~ $
```

この場合のカレントディレクトリは、/Users/your-nameになります。

注a　特定の位置から見たパス。3-2 にある COLUMN 「URL のパスについて」 も参考にしてください。

できたファイルを確認しよう

rails newコマンドで、たくさんのファイルが作成されました。では、どのようなファイルがあるか、エディターを利用して、確認してみましょう。VS Codeを利用する場合は、Webサーバーを止めたターミナルで、次のコマンドを実行します。

```
code .
```

そうすると、次の画面のように、VS Codeが起動して、pdiaryの中のディレクトリ一覧が表示されます。

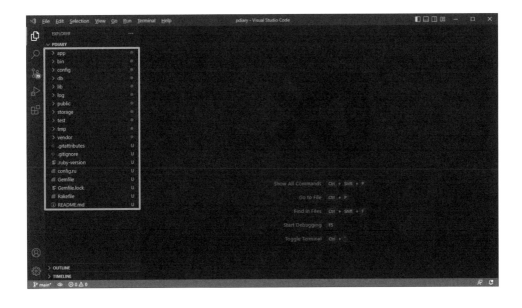

　ファイルの内容を見たいときは、VS Codeの左側に表示されているファイル一覧で、確認したいファイルをクリックすると、右側に内容が表示されます。

COLUMN

code . コマンドでVS Codeが起動しない

　macOSの場合、code . コマンドでVS Codeが起動しないときがあります。その場合は次の作業を行ってください。

1. メニューバーのSpotlightアイコン（虫眼鏡のアイコン）をクリックするか、[Command] + [スペース] を同時に押して、Spotlightを起動します。
2. 検索フィールドに「Visual Studio Code」と入力し、検索結果の中から「Visual Studio Code.app」をクリックします。
3. [command] + [Shift] + [P] を同時に押します。すると、ウィンドウの上部に文字入力可能な欄が表示されます（この欄のことをコマンドパレットといいます）。
4. コマンドパレットに「Shell」と入力すると、いくつかのコマンドの候補が表示されます。

5. コマンドの候補から「Shell Command: install 'code' command in PATH」を選択して [Enter] キーを押します。
6. PATHの登録が成功したとのメッセージダイアログが表示されるので、「OK」をクリックします。以降、codeコマンドが利用できるようになります。

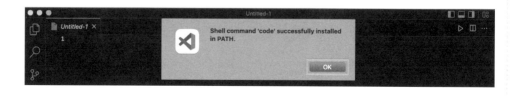

VS Codeの起動時に、次の確認メッセージが表示される場合があります。

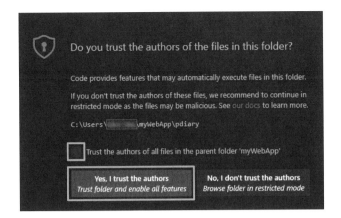

　これは「このディレクトリ内にあるファイルの作成者を信頼しますか？」という確認のメッセージです。今回は自分でrails newコマンドを実行して作成したファイルを、VS Codeで開こうとしているので、信頼しても大丈夫です。チェックボックスにチェックを入れた上で、「Yes, I trust the authors」ボタンをクリックします。

　エディターで開いてみるとさまざまなファイルができていますが、この中でもappディレクトリは、アプリケーションの中心となるファイルが保存されているディレクトリになります。次の表で、appディレクトリの中にある各ディレクトリの役割について説明します。

ディレクトリ名	役割
assets	画像やCSSを格納するディレクトリです。
channels	Webサーバーとブラウザ間の双方向リアルタイム通信に関するものを格納するディレクトリです。
controllers	コントローラー（MVCモデルのC）を格納するディレクトリです。
helpers	ビューでの処理を共通にまとめたもの（ヘルパー）を格納するディレクトリです。
javascript	JavaScriptを格納するディレクトリです。
jobs	サーバーで動作する一連の処理（ジョブ）に関するものを格納するディレクトリです。
mailers	メール送信機能に関するものを格納するディレクトリです。
models	モデル（MVCモデルのM）を格納するディレクトリです。
views	ビュー（MVCモデルのV）を格納するディレクトリです。

　この中のうち、これから主にviewsディレクトリ、modelsディレクトリの中にあるファイルを変更していくことになります。それでは、pdiaryの機能を作っていきましょう。

3-2 日記を投稿する画面を作ってみよう

「3-1. Webアプリケーションづくりの第一歩」で、URLをブラウザに入力すると画面が表示される、最低限の機能をもつWebアプリケーションpdiaryを `rails new` コマンドで作りました。次はpdiaryに、Railsの機能を使って日記を投稿する機能を追加していきましょう。

 ## 日記のデータ構造を考えよう

さて、日記というと、どのような項目があると思い浮かべるでしょうか。

- 日記のタイトル
- 日記の内容
- 画像
- 投稿日

このような項目をもつ日記を投稿できるようにするとよさそうですね。また、せっかく投稿した日記はどこかに保存しておかないと、消えてしまいます。そこで、データベースを利用して、日記を保存・管理するようにします。

 ## 日記をデータベースに保存するための準備

投稿する日記の各項目はデータベースに保存して管理します。各項目のデータの種類から、データベースで管理するためのデータ型を決めます。データベースでよく使用するデータ型には、次のようなものがあります。

データ型	データベースで扱える情報
string	文字（最長が255文字までの文字）
text	文章（最長が256文字以上の文字）
integer	数値（整数）
boolean	真偽値（true/false）
date	日付
datetime	日時

では、この日記の項目は、データベースで扱える情報のうち、どれになるのかを考えてみましょう。

- 日記のタイトル … 文字
- 日記の内容 … 文章
- 画像 … 画像ファイル？→文字
- 投稿日 … 日付

　画像ですが、画像ファイルは、先ほどの表にあるデータベースで扱える情報の中には、該当するものが見当たらないですね。今回はWebアプリケーションで画像を表示するときは、画像ファイルを保存したディレクトリの場所とファイル名（ファイルパスといいます）を利用するため、「文字」で保存することにします。

　これで日記の項目のデータ型は決まりました。データベースでは、項目をまとめて、テーブルと呼ばれる構造で管理します。テーブルで管理するために、テーブルの名前をつける必要があります。Railsではテーブルの名前と、テーブルの情報のやり取りを行うモデル名（MVCアーキテクチャーのモデルのクラス名）と関連付けが行われるようになっています。モデルのクラスは1つの日記の投稿の情報を扱うので単数形、テーブルは複数の日記の投稿を管理するので、モデル名の複数形にするのが、Railsの規約です。日記は、ふと思いついたことだったり、自分の考えなども登録できます。そこで今回は、モデル名はIdea、テーブル名はideasという名前をつけることにします。

　データベースで保存するときのカラム名は、一般的にはアルファベット、数字と一部の記号を利用します。そこで、各項目に対応したカラム名、データ型は次のようにします。

項目	カラム名	データ型
日記のタイトル	title	string
日記の内容	description	text
画像	picture	string[注5]
投稿日	published_at	date

　これで、日記のテーブル名はideas、各項目に対応したカラム名・データ型も決まりました。テーブルとカラムのイメージは次のようになります。

注5　画像は画像ファイルが保存されているディレクトリ（文字）を保存するため、stringで管理します。

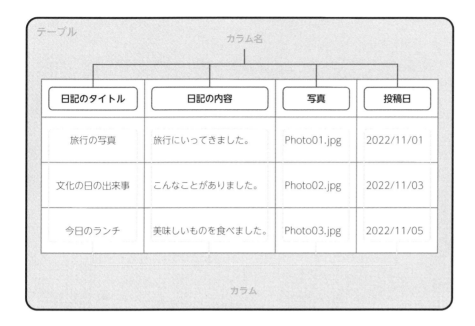

scaffoldで日記投稿画面を作ろう

　3-2にある「日記をデータベースに保存するための準備」で、日記のデータ構造を決めました。それではさっそく日記を一覧で見る・投稿する・編集する・削除する・参照する機能を作っていきましょう。ここではRailsのscaffold機能を利用します。

　まだWebサーバーが動作していたら、ターミナルで Ctrl + C を同時に押してサーバーを停止させてから、作業をはじめましょう。サーバーを停止させたターミナルで次のコマンドを実行します。

▼ Windows の場合

```
ruby bin/rails generate scaffold Idea title:string description:text picture:string ⏎
published_at:date
```

▼ macOS の場合

```
bin/rails generate scaffold Idea title:string description:text picture:string published_ ⏎
at:date
```

次のようなメッセージがターミナルに表示されます。

```
invoke   active_record
create     db/migrate/20220806151254_create_ideas.rb
create     app/models/idea.rb
invoke     test_unit
create       test/models/idea_test.rb
create       test/fixtures/ideas.yml
invoke   resource_route
 route     resources :ideas
invoke   scaffold_controller
create     app/controllers/ideas_controller.rb
invoke     erb
create       app/views/ideas
create       app/views/ideas/index.html.erb
create       app/views/ideas/edit.html.erb
create       app/views/ideas/show.html.erb
create       app/views/ideas/new.html.erb
create       app/views/ideas/_form.html.erb
create       app/views/ideas/_idea.html.erb
invoke     resource_route
invoke     test_unit
create       test/controllers/ideas_controller_test.rb
create       test/system/ideas_test.rb
invoke     helper
create       app/helpers/ideas_helper.rb
invoke       test_unit
invoke     jbuilder
create       app/views/ideas/index.json.jbuilder
create       app/views/ideas/show.json.jbuilder
create       app/views/ideas/_idea.json.jbuilder
```

先ほどのコマンドをもう少し、分解すると次のようになります。

```
bin/rails generate scaffold 名前 カラム名:データ型 カラム名:データ型 ...
```

投稿の項目を「カラム名:データ型」として、
複数の項目をスペースで区切りながら指定します。

投稿を管理するための名前（モデル名）を指定します。

scaffoldは、「建築現場の足場」という意味があります。Railsのscaffold機能では、ひとつのモデルに対して、データを作成・更新・削除・参照するために、必要なひな形（テンプレート）を生成するようになっています。今回実行したコマンドでは、具体的には、次のようなものを生成します。

- Ideaをデータベースで管理するためのideasテーブルの定義
- Ideaを一覧で見る・投稿する・編集する・削除する・参照するためのひな形
- テストをするときに必要なひな形[注6]

なお、scaffold機能では、ひな形のファイルを生成するだけで、データベースにIdeaを管理するためのテーブルは作成されていません。そこで、先ほど生成されたテーブルの定義ファイルを利用して、Ideaを管理するテーブルをデータベース上に作成しましょう。ターミナルで次のコマンドを実行します。

▼ Windows の場合

```
ruby bin/rails db:migrate
```

▼ macOS の場合

```
bin/rails db:migrate
```

次のようなメッセージがターミナルに表示されます（CreateIdeasの前の14桁の数字の羅列は、rails generate scaffoldコマンドを実行した日時のため、表示が異なります）。

```
== 20220806151254 CreateIdeas: migrating ======================================
-- create_table(:ideas)
   -> 0.0026s
== 20220806151254 CreateIdeas: migrated (0.0026s) =============================
```

create_table(:ideas)とメッセージが表示され、Ideaを管理するテーブルideasが作成されました。Ideaが作成されたことを確認するために、ターミナルでWebサーバーを起動してみましょう。ターミナルで次のコマンドを実行します（コマンドの後ろにある#以降の文はコメントです。ターミナルに入力する必要はありません）。

注6　本書ではテストについての記述は行いません。

▼ Windows の場合

```
ruby bin/rails server # Webサーバーを起動
```

▼ macOS の場合

```
bin/rails server # Webサーバーを起動
```

　Webサーバーが起動できたら、ブラウザで、http://localhost:3000/ideas/にアクセスしてみましょう。次の画面のように、画面のタイトルとして「Ideas」と、リンクとして「New Idea」リンクが表示されたでしょうか。

COLUMN

rails server コマンドでエラーになった

　Windowsの場合、次のようなエラー画面が表示されることがあります。その場合は、ターミナルで Ctrl + C を同時に押してWebサーバーを停止させてから、ruby bin/rails serverを再度実行して、Webサーバーを起動しなおしてみましょう。そしてもう一度ブラウザで、http://localhost:3000/ideas/にアクセスします。

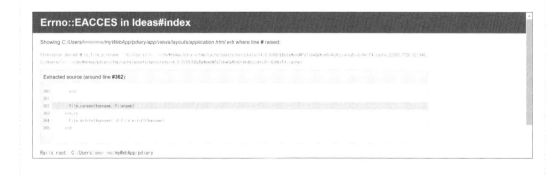

これでpdiaryに日記を投稿する画面ができました。今、表示されている画面は一覧画面になります。今は日記がひとつも投稿されていないので、何も表示されていません。この画面にある「New idea」リンクをクリックすると、投稿画面が表示されるので、日記を投稿してみましょう。

投稿画面の日記のタイトル（Title）・日記の内容（Description）・投稿日（Published at）に好きな内容を入れてみましょう。画像（Picture）については、今は空白のままで大丈夫です。投稿日については、カレンダーのマークをクリックすると日付が選択できます。

入力できたら、「Create Idea」ボタンをクリックしてみましょう。次の画面（参照画面）のように、投稿画面で入力した内容が表示されていることを確認しましょう。このように参照画面が表示されたら、正常に日記が登録されています。

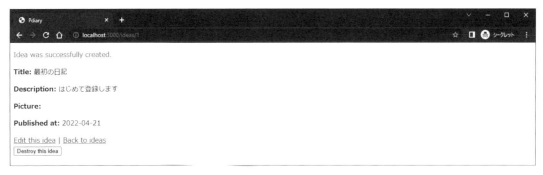

　日記が登録されたら、一度、一覧画面に戻りましょう。「Back to ideas」リンクをクリックして、先ほど投稿した日記の情報が一覧画面に表示されていることを確認しましょう。

　他にもいろいろなリンクやボタンがあるので、リンク・ボタンの動きやどのような画面があるのか、触って確認してみましょう。各画面にあるリンクやボタンをクリックすると、次のように遷移するようになっていますので、参考にしてください。

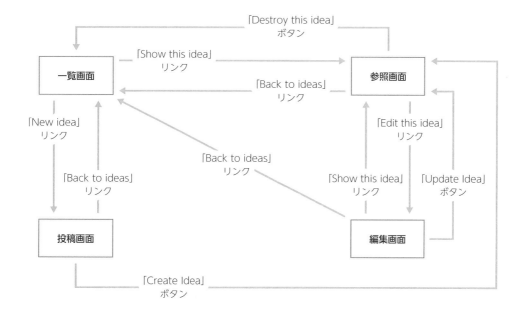

画面	動作	遷移先画面
一覧画面	「New idea」リンクをクリック	投稿画面
一覧画面	「Show this idea」リンクをクリック	クリックした投稿の参照画面
参照画面	「Edit this idea」リンクをクリック	参照していた投稿の編集画面
参照画面	「Back to ideas」リンクをクリック	一覧画面
参照画面	「Destroy this idea」ボタンをクリック	一覧画面（参照していた投稿が削除されて表示される）
投稿画面	「Back to ideas」リンクをクリック	一覧画面
投稿画面	「Create Idea」ボタンをクリック	参照画面（投稿画面で入力した内容が表示される）
編集画面	「Show this idea」リンクをクリック	参照画面（編集画面で変更する前の内容が表示される）
編集画面	「Back to ideas」リンクをクリック	一覧画面
編集画面	「Update Idea」ボタンをクリック	参照画面（編集画面で変更した内容に更新されて表示される）

　Railsのscaffold機能を使うことで、簡単に日記の投稿・参照・編集の機能を持ったWebアプリケーションができ上がりました。

　しかし、このままではまだ画像ファイルを投稿できません。そこで、次は画像ファイルをアップロードする機能をpdiaryに追加していきましょう。

COLUMN

URLのパスについて

　URLのパスには絶対パスと、相対パスの2つの書き方があります。同じ場所を指していても、書き方が異なります。

- 絶対パス：プロトコルやドメイン名も含めて記載するパス。唯一に特定される
- 相対パス：特定の位置から見たパス。見る位置によってパスの書き方が異なる

　たとえば、pdiaryの一覧画面の絶対パスは「http://localhost:3000/ideas/」、pdiaryのルートの位置から見た相対パスは「/ideas」、pdiaryの投稿画面の位置（http://localhost:3000/ideas/new）から見た相対パスは「../ideas」になります。また、相対パスの中でも、ルートの位置からみた相対パスのことを、ルート相対パスともいいます。

3-3 画像ファイルをアップロードする機能を追加しよう

3

　「3-2. 日記を投稿する画面を作ってみよう」で、日記を投稿するための機能はできあがりました。ここからは、新たな機能として、画像ファイルをアップロードする機能を追加していきましょう。

gemを使ってファイルアップロード機能を追加しよう

　ここでは、CarrierWaveというgem[注7]を使って、画像ファイルをアップロードする機能を追加してみましょう。まだWebサーバーが動作していたら、ターミナルで Ctrl + C を同時に押してサーバーを停止させてから、作業をはじめましょう。サーバーを停止させたターミナルは後ほど使いますので、そのまま起動しておいてください。

　まず、Railsルートディレクトリの中にあるGemfile[注8] の最後の行に、次の1行を追加して保存します。

```
gem "carrierwave", "~> 2.2.3"
```

　追加した結果は次のようになります。

```
source "https://rubygems.org"
git_source(:github) { |repo| "https://github.com/#{repo}.git" }

（中略）

group :test do
  # Use system testing [https://guides.rubyonrails.org/testing.html#system-testing]
  gem "capybara"
  gem "selenium-webdriver"
  gem "webdrivers"
end
```

注7　gemとは、Rubyのライブラリ（さまざまな機能を追加することができる部品）の形式のことです。実はRailsも、gemの一種です。たくさんのgemが、「RubyGems.org」（https://rubygems.org/）で公開されています。

注8　このファイルは、Windowsの場合はC:¥Users¥アカウント名¥myWebApp¥pdiary¥Gemfile、macOSの場合は/Users/ユーザー名/myWebApp/pdiary/Gemfileを指しています。

```
gem "carrierwave", "~> 2.2.3"
```
└─ この行を追加します。

追加して保存したら、ターミナルで次のコマンドを実行してみましょう（実行に時間がかかる場合があります）。

▼ Windows の場合
```
bundle
```

▼ macOS の場合
```
bin/bundle
```

bundle コマンドは、Gemfile に書いた gem ファイルをインストールするコマンドです。このコマンドを実行すると、次のようなメッセージが表示されます（このときに表示されている gem のバージョン・Gemfile dependencies の数・gems の数は環境によって異なる場合があります）。

```
Fetching gem metadata from https://rubygems.org/.........
Resolving dependencies...
Using rake 13.0.6
Using concurrent-ruby 1.1.10
Using racc 1.6.0
Using minitest 5.16.2
Using crass 1.0.6
Using builder 3.2.4
Using rack 2.2.4
 （中略）
Using web-console 4.2.0
Installing mini_magick 4.11.0
Installing ruby-vips 2.1.4
Fetching image_processing 1.12.2
Installing ssrf_filter 1.0.8
Installing image_processing 1.12.2
Fetching carrierwave 2.2.3
Installing carrierwave 2.2.3
Bundle complete! 16 Gemfile dependencies, 80 gems now installed.
Use `bundle info [gemname]` to see where a bundled gem is installed.
```

　この中のInstalling 〜で始まっているものが新たにインストールされたgemになります。bundleコマンドは、Gemfileに書いたCarrierWaveで利用しているgemも同時にインストールしてくれます。CarrierWaveだけでなく、他のいくつかのgemもインストールされています。

　CarrierWaveのインストールが終わったら、ターミナルで次のコマンドを実行します。このコマンドを実行するだけで、ファイルアップロードのために必要なディレクトリやファイルが作成されます。

▼ Windows の場合

```
ruby bin/rails generate uploader Picture
```

▼ macOS の場合

```
bin/rails generate uploader Picture
```

　すると、次のメッセージが表示されます。

```
create  app/uploaders/picture_uploader.rb
```

　これは、Railsルートディレクトリからみて、app/uploadersの中にpicture_uploader.rbというファイルが作成されたという意味のメッセージです。以降、ファイルの場所を説明するときは、app/uploaders/picture_uploader.rbという書き方をします。これは、Windowsの場合はC:¥Users¥アカウント名¥myWebApp¥pdiary¥app¥uploaders¥picture_uploader.rb、macOSの場合は/Users/ユーザー名/myWebApp/pdiary/app/uploaders/picture_uploader.rbを指しています。

　picture_uploader.rbには、ファイルアップロード先の設定やアップロードできるファイルの拡張子の設定など、ファイルのアップロードに関する設定が記載されています。ここでは、CarrierWaveは初期設定のまま利用するので、このファイルを変更することはありません。興味がある人はapp/uploaders/picture_uploader.rbをエディターで開いて、どのようなことが設定できるのかを覗いてみてもよいでしょう。

pdiaryでCarrierWaveを使えるようにしよう

　まず、app/models/idea.rbをエディターで開きます。

```
class Idea < ApplicationRecord
end
```

これを次のように変更して保存します。

```
class Idea < ApplicationRecord
  mount_uploader :picture, PictureUploader
                        └ この行を追加します。
end
```

追加した行は、IdeaクラスにCarrierWaveのアップロード機能を追加するためのものです。具体的には、次の内容が記載されています。

* アップロード先のファイルパスを保存する先は、ideasテーブルのカラム名pictureとする
* 先ほどコマンド実行して作成された、app/uploaders/picture_uploader.rbで宣言されている、PictureUploaderクラスの設定を利用する

これで、pdiaryでCarrierWaveが使えるようになり、アップロード機能を追加する準備ができました。

投稿画面にファイルアップロード機能を追加しよう

次に、投稿画面に、ファイルをアップロードするためのファイル選択機能を追加します。まず機能を変更する前に、今の投稿画面がどのような状態であるか確認しておきましょう。

先ほどruby bin/rails generate uploader Picture、またはbin/rails generate uploader Pictureを実行したターミナルで、もう一度、次のコマンドを実行します。

▼ Windows の場合

```
ruby bin/rails server # Webサーバーを起動
```

▼ macOS の場合

```
bin/rails server # Webサーバーを起動
```

もしターミナルを閉じてしまっていたら、もう一度ターミナルを起動して、次のコマンドを実行してみましょう。

▼ Windows の場合

```
cd %HOMEPATH%/myWebApp/pdiary  # pdiaryのRailsルートディレクトリに移動
ruby bin/rails server # Webサーバーを起動
```

▼ macOS の場合

```
cd ~/myWebApp/pdiary   # pdiaryのRailsルートディレクトリに移動
bin/rails server # Webサーバーを起動
```

　Webサーバーを起動したら、http://localhost:3000/ideas/new/ にブラウザでアクセスして、投稿画面を見てみましょう。今のPictureは、文字が入力できる状態になっています。

New idea

Title

Description

Picture

Published at

年 /月/日

Create Idea

Back to ideas

　この部分をファイルを選択できるように変更してみましょう。app/views/ideas/_form.html.erbをエディターで開きます。開くと次のような内容が記載されています。

```erb
<%= form_with(model: idea) do |form| %>
  <% if idea.errors.any? %>
    <div style="color: red">
      <h2><%= pluralize(idea.errors.count, "error") %> prohibited this idea from being ⏎
saved:</h2>

      <ul>
        <% idea.errors.each do |error| %>
          <li><%= error.full_message %></li>
        <% end %>
      </ul>
    </div>
  <% end %>
```

```
<div>
  <%= form.label :title, style: "display: block" %>
  <%= form.text_field :title %>
</div>

<div>
  <%= form.label :description, style: "display: block" %>
  <%= form.text_area :description %>
</div>

<div>
  <%= form.label :picture, style: "display: block" %>
  <%= form.text_field :picture %>
```
            └ この行を変更します。
```
</div>

<div>
  <%= form.label :published_at, style: "display: block" %>
  <%= form.date_field :published_at %>
</div>

<div>
  <%= form.submit %>
</div>
<% end %>
```

先ほどのプログラムの中に補足で記載した、26行目付近にある、`<%= form.text_field :picture %>`を、変更して保存します。

▼ 変更前

```
<%= form.text_field :picture %>
```
         └ この部分を変更します。

▼ 変更後

```
<%= form.file_field :picture %>
```
         └ ファイル選択できるように変更しています。

変更したら、ブラウザ上で画面をリロード（再読み込み）して、どのように変わるか確認してみましょう[注9]。

今度はPictureで、ファイルを選択できる状態になっていますね。

実際に投稿画面でファイルが選択できることと、ファイルを選択した状態で日記が登録できることを確認してみましょう。

登録された結果は、まだアップロードしたファイルパス[注10]が表示されている状態です。同様に、http://localhost:3000/ideas/にアクセスして、一覧画面を確認してもアップロードしたファイルパスが表示されていますね。

注9　ブラウザでは、ブラウザの再読み込みボタンをクリックするか、Windowsの場合は F5 、または Ctrl + R を同時に押す、macOSの場合は command + R を同時に押すことでリロードが可能です。

注10　ファイルが保存されている、ディレクトリの場所とファイル名の文字列。3-2にある「日記をデータベースに保存するための準備」でも少し触れています。

次はこのファイルパスからアップロードしたファイルを見えるように変更しましょう。

アップロードしたファイルを見えるようにしよう

　Webサーバーは起動させたまま、app/views/ideas/_idea.html.erbをエディターで開きます。14行目付近にある<%= idea.picture %>を変更して保存します。

▼ 変更前

```
<%= idea.picture %>
```

└ この行を変更します。

▼ 変更後

```
<%= image_tag(idea.picture_url, width: '600px') if idea.picture.present? %>
```

└ もし画像があれば、idea.picture_url（画像ファイルのアップロード先）にある
　画像ファイルを、幅最大600pxで表示するように変更しています。

　変更したら保存して、http://localhost:3000/ideas/にブラウザでアクセスしてみて、先ほどアップロードした画像が表示されているか[注11]を確認してみましょう。

注11　画像ファイルの種類（拡張子）によってはブラウザに画像が表示されないことがあります。画像が表示されない場合は、
　　　本書のように画像ファイルの拡張子が jpeg または jpg のものを利用してみましょう。

　一番最初に投稿した日記には画像ファイルを登録していないので、一覧画面に画像が表示されていません。あらためて一番最初に投稿した日記の編集画面で画像ファイルを追加して、一覧画面で画像が表示されることも確認してみましょう。一覧画面に画像が表示されることを確認したら、一覧画面にある「Show this idea」リンクをクリックしても、同じように画像が表示されることを確認してみましょう。

　これで、画像ファイルを投稿して表示するためのひととおりの機能は作成できました。今のままでも、画像ファイルを投稿する日記として使うことはできますが、見た目があまりよくなく、使いづらい部分もあります。せっかくですので、もう少し見た目を整えて、Webアプリケーションらしくしていきましょう。

3-4 デザインをきれいにしよう

「3-3. 画像ファイルをアップロードする機能を追加しよう」までで、日記に画像ファイルもあわせて投稿する機能が完成しました。しかし、画面のデザインはまだRailsの標準のままです。ここからは、画面のデザインをきれいにしていきましょう。

Railsのフロントエンド開発

フロントエンドとは、ユーザーから直接見える部分を指します。Webアプリケーションの場合は、ブラウザで表示されている画面に相当します（逆にユーザーから見えない部分は、バックエンドやサーバーサイドと呼ばれます）。

これから行う、「画面のデザインをきれいにしていく」というのも、フロントエンド開発の一環といえます。まずは、少しだけフロントエンドについて学習しましょう。

Railsのフロントエンドは、HTML・CSS・JavaScriptを利用して作られています。それぞれの役割を、簡単に一言で書くと次のようになっています。

名前	読み方	役割
HTML	エイチティーエムエル	文書構造
CSS	シーエスエス	画面デザイン
JavaScript	ジャバスクリプト	画面の動作や振る舞い

HTML・CSS・JavaScriptの、もう少し詳しい説明は次章で行います。ここでは、「おおよそそういうものだ」という理解で大丈夫です。

Railsの場合を例にしてみます。ブラウザからWebアプリケーションへのアクセスがあると、app/viewsの中にあるファイルを元にHTMLが生成され、ブラウザに表示されます。CSSはapp/assets/stylesheetsの中にあるCSSファイルが、JavaScriptはapp/javascriptの中にあるJavaScriptファイルがブラウザで利用されます。今回のフロントエンド開発では、主にapp/viewsの中にあるファイルを変更します。

トップページを設定しよう

まず見た目を整える前に、トップページを設定してみましょう。もしWebサーバーが起動していなければ、もう一度ターミナルを起動して、次のコマンドを実行してみましょう。

▼ Windows の場合

```
cd %HOMEPATH%/myWebApp/pdiary  # pdiaryのRailsルートディレクトリに移動
ruby bin/rails server # Webサーバーを起動
```

▼ macOS の場合

```
cd ~/myWebApp/pdiary  # pdiaryのRailsルートディレクトリに移動
bin/rails server # Webサーバーを起動
```

Webサーバーが起動したら、http://localhost:3000/ にアクセスしてみましょう。3-1にある「Railsの機能を使ってみよう」でも確認したように、RailsとRubyのバージョンが画面に表示されます。

URLのパスで、/でアクセスするパスのことを、ルートパスといいます。そして、ルートパスでアクセスするページは、一番最初にユーザーへ見せたい内容を表示するのが一般的です。pdiaryでは、ルートパスにアクセスした場合、一覧画面を表示するようにします。

決められたURLのパスにアクセスしたとき、Webアプリケーション内でどのような処理を行うかという設定は、config/routes.rb[注12]で管理しています。Webアプリケーションでの具体的な動作（アクション）は、コントローラーのファイル内に、メソッドとして定義します。そして、config/routes.rbで、URLとコントローラー・アクションの紐付けを実施しています（ルーティングといいます）。実際にconfig/routes.rbをエディターで開いてみましょう。

```
Rails.application.routes.draw do
  resources :ideas
  # Define your application routes per the DSL in https://guides.rubyonrails.org/routing.↵
html
  # Defines the root path route ("/")
  # root "articles#index"
end
```

次の行に注目します。

注12 config ディレクトリは、Web アプリケーションに関する各種設定のファイルが格納されているディレクトリです。Windows の場合は C:¥Users¥ アカウント名 ¥myWebApp¥pdiary¥config、macOS の場合は /Users/ ユーザー名 / myWebApp/pdiary/config にあります。

```
resources :ideas
```

この1行を書くだけで、次のようなパスと、コントローラー・アクションの紐付けが設定されます。

HTTPリクエスト メソッド	パス	コントローラー#アクション	コントローラー#アクションの 役割
GET	/ideas(.:format)	ideas#index	一覧画面を表示する
POST	/ideas(.:format)	ideas#create	Ideaを作成する
GET	/ideas/new(.:format)	ideas#new	投稿画面を表示する
GET	/ideas/:id/edit(.:format)	ideas#edit	編集画面を表示する
GET	/ideas/:id(.:format)	ideas#show	参照画面を表示する
PATCH	/ideas/:id(.:format)	ideas#update	Ideaを更新する
PUT	/ideas/:id(.:format)	ideas#update	Ideaを更新する
DELETE	/ideas/:id(.:format)	ideas#destroy	Ideaを削除する

　たとえば、http://localhost:3000/ideas/にアクセスすれば、一覧画面が表示されます。

　このresources :ideasがなければ、これらの設定がすべてなくなります。気になる人は、config/routes.rbにあるresources :ideasを# resources :ideasに変更[注13]してファイルを保存してみましょう。その状態で、http://localhost:3000/ideas/にアクセスすると、エラーになることがわかります（試したあとは、# resources :ideasをresources :ideasと元に戻すのを忘れずに）。

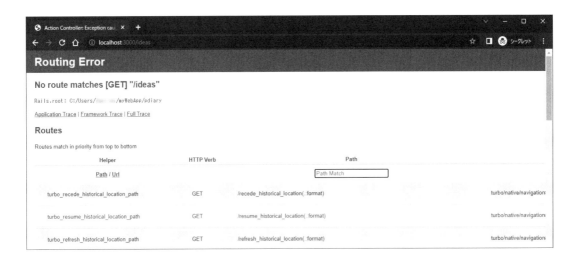

それでは、ルートパスと、コントローラー・アクションの紐付けを設定してみましょう。config/routes.rbを次のように変更して保存します。

```
Rails.application.routes.draw do
  root to: redirect('/ideas')
                    └ この行を追加します。

  resources :ideas
  # Define your application routes per the DSL in https://guides.rubyonrails.org/routing.↵
html
  # Defines the root path route ("/")
  # root "articles#index"
end
```

追加した行は、「ルートパス/へのアクセスを、/ideasへ転送する」ということを意味しています（この転送のことをリダイレクトといいます）。今回の場合は、「http://localhost:3000/へのアクセスを、http://localhost:3000/ideasへ転送する」ということになります。実際のpdiaryの動きとしては、ルートパスにアクセスすると、一覧画面が表示されるようになります。

config/routes.rbの更新を保存して、もう一度ブラウザから、http://localhost:3000/にアクセスしてみましょう。RailsとRubyのバージョンが表示されている画面から、pdiaryの一覧画面が表示されるように変わっていれば、トップページの設定は完了です。

Bootstrapを導入しよう

ここでは、HTMLとCSSを利用して画面のデザインを整えていきましょう。しかし、何もない状態からCSSをイチから書いて、デザインを作っていくのは大変です。このCSSを簡単に使えるよう、準備されているライブラリがあります（このようなライブラリのことを、CSSフレームワークといいます）。CSSフレームワークは数多くありますが、今回はその中でも有名なBootstrap[注14]を利用して、画面のデザインを整えていきます。

Bootstrapを利用するために、CDNを利用します[注15]。また、すべての画面でBootstrapを利用したいので、app/views/layouts/application.html.erbに情報を追加します。

app/views/layouts/application.html.erbは、Webアプリケーション全体に影響を及ぼす構成を記述するファイルになります。まずはapp/views/layouts/application.html.erbをエディターで見てみ

注14　公式サイト（英語）は「Bootstrap」（https://getbootstrap.com/）です。また、最新の情報ではありませんが、日本語翻訳サイトの「Bootstrap」（https://getbootstrap.jp/）もあります。

注15　CDNは、Content Delivery Networkの略で、CSSやJavaScriptなどのライブラリを配信するための仕組みです。

ましょう。

```
<!DOCTYPE html>
<html>
  <head>
    <title>Pdiary</title>
    <meta name="viewport" content="width=device-width,initial-scale=1">
    <%= csrf_meta_tags %>
    <%= csp_meta_tag %>

    <%= stylesheet_link_tag "application", "data-turbo-track": "reload" %>
    <%= javascript_importmap_tags %>
  </head>

  <body>
    <%= yield %>
  </body>
</html>
```

　このプログラムを見て、HTMLをご存知の方なら、「なにやら見覚えがあるような…」と思った方もいることでしょう。そうです。ほとんどがHTMLのプログラムです。そして、HTMLのプログラムでは見かけない<%= 〜 %>に囲まれた箇所があります。この部分がRubyのプログラムです。Railsでは、ファイルの拡張子が「.erb」のファイルでは、<%= 〜 %>[注16]を利用してRubyのプログラムを埋め込むことができます。

　それではさっそくBootstrapを導入していきましょう（2022年11月現在、5.2.3が最新です）。Bootstrapでは、画面の見た目を整えるためのCSSと、メニューなどの動きをつけるためのJavaScriptの2つのCDNを利用します。今回利用するBootstrap（バージョン5.2.3）のCDNのURLは、公式サイト「Bootstrap」[注17]にある、バージョンが5.2向けのドキュメントの「Download-CDN via jsDelivr」（https://getbootstrap.com/docs/5.2/getting-started/download/#cdn-via-jsdelivr）にあります。

　「<link href=」ではじまる行と、「<script src=」ではじまる行の2行記載されている欄の右側にあるクリップボードのマークをクリックしてCDNをコピーします。

　まずは、CSSのCDNの設定です。app/views/layouts/application.html.erbの中にある<%= stylesheet_link_tag "application", "data-turbo-track": "reload" %>の次の行に、先ほどコピーしたCDNのうち、<link href=ではじまる行だけを追加して保存します。本書では次のCDNを利用します（バージョンなどが、公式サイトからコピーしたCDNと異なる場合があります）。

注16　この<%= 〜 %>の部分をERB（Embedded Ruby）ともいいます。埋め込んだRubyの実行結果を表示する<%= 〜 %>の他にも、結果を表示しない<% 〜 %>や、コメントの意味をもつ<%# 〜 %>などがあります。

注17　「Bootstrap」（https://getbootstrap.com/）

```
<link href="https://cdn.jsdelivr.net/npm/bootstrap@5.2.3/dist/css/bootstrap.min.css" rel=⏎
"stylesheet" integrity="sha384-rbsA2VBKQhggwzxH7pPCaAqO46MgnOM80zW1RWuH61DGLwZJEdK2Kadq2F⏎
9CUG65" crossorigin="anonymous">
```

次に、JavaScriptのCDNの設定です。app/views/layouts/application.html.erbの</body>のひとつ前の行に先ほどコピーしたCDNのうち<script src= ではじまる行だけを追加して保存します。本書では次のCDNを利用します（バージョンなどが、公式サイトからコピーしたCDNと異なる場合があります）。

```
<script src="https://cdn.jsdelivr.net/npm/bootstrap@5.2.3/dist/js/bootstrap.bundle.min.⏎
js" integrity="sha384-kenU1KFdBIe4zVF0s0G1M5b4hcpxyD9F7jL+jjXkk+Q2h455rYXK/7HAuoJl+0I4"⏎
crossorigin="anonymous"></script>
```

追加した結果、app/views/layouts/application.html.erbの内容は、次のようになっているはずです（CDNは、あなたがBootstrapの公式サイトからコピーしたものになっていることを確認してください）。

```
<!DOCTYPE html>
<html>
  <head>
    <title>Pdiary</title>
    <meta name="viewport" content="width=device-width,initial-scale=1">
    <%= csrf_meta_tags %>
    <%= csp_meta_tag %>

    <%= stylesheet_link_tag "application", "data-turbo-track": "reload" %>
    <!-- ここから追加（CSSのCDN） -->
    <link href="https://cdn.jsdelivr.net/npm/bootstrap@5.2.3/dist/css/bootstrap.min.css"⏎
rel="stylesheet" integrity="sha384-rbsA2VBKQhggwzxH7pPCaAqO46MgnOM80zW1RWuH61DGLwZJEdK2Ka⏎
dq2F9CUG65" crossorigin="anonymous">
    <!-- ここまで追加（CSSのCDN） -->
    <%= javascript_importmap_tags %>
  </head>
  <body>
    <%= yield %>
    <!-- ここから追加（JavaScriptのCDN） -->
    <script src="https://cdn.jsdelivr.net/npm/bootstrap@5.2.3/dist/js/bootstrap.bundle.⏎
min.js" integrity="sha384-kenU1KFdBIe4zVF0s0G1M5b4hcpxyD9F7jL+jjXkk+Q2h455rYXK/7HAuoJl+0I⏎
4" crossorigin="anonymous"></script>
    <!-- ここまで追加（JavaScriptのCDN） -->
```

```
    </body>
  </html>
```

ここまで書き終えたら、一度ブラウザをリロードしてみましょう。Bootstrapの導入前と導入後の画面を見比べてみると、表示しているフォントや、文字の配置が少し異なっているのがわかりますね。

▼ Bootstrap 導入前の画面

▼ Bootstrap 導入後の画面

これで正常にBootstrapが導入できました。Bootstrapを利用すると、CSSを自分で書くことなく、HTMLに属性を追加して見た目や動作の設定ができます。

なお、HTMLの属性とCSSの関係は次章で説明します。本章では、見た目を変えるためにどのような変更をしているのかに注目しながら、プログラムを変更していきましょう。

 ## ナビゲーションバーとフッターを作成しよう

ナビゲーションバー

ナビゲーションバーは、Webアプリケーションで、各機能にアクセスするためのメニューのことを指します。pdiaryでは、Bootstrapのサンプルプログラム[注18]を参考にして、画面上部にナビゲーションバーを作成してみましょう。

app/views/layouts/application.html.erbをエディターで開き、<body>の次の行に、次のプログラムを追加して保存します。追加するプログラムは、サンプルプログラム先にあるプログラムを少し変更することで作ることもできます[注19]。

```
<nav class="navbar navbar-fixed-top navbar-expand-lg navbar-dark bg-info">
  <div class="container-fluid">
    <a class="navbar-brand" href="/">Pdiary</a>
    <button class="navbar-toggler" type="button" data-bs-toggle="collapse" data-bs-target↵
="#navbarSupportedContent" aria-controls="navbarSupportedContent" aria-expanded="false" ↵
aria-label="Toggle navigation">
      <span class="navbar-toggler-icon"></span>
    </button>
    <div class="collapse navbar-collapse" id="navbarSupportedContent">
      <ul class="navbar-nav me-auto mb-2 mb-lg-0">
        <li class="nav-item">
          <a class="nav-link active" aria-current="page" href="/ideas">Ideas</a>
        </li>
      </ul>
    </div>
  </div>
</nav>
```

注18 「Navbar · Bootstrap v5.2」(https://getbootstrap.com/docs/5.2/components/navbar/#nav)

注19 サンプルプログラム先である、「Navbar · Bootstrap v5.2」(https://getbootstrap.com/docs/5.2/components/navbar/#nav)には、「Nav」のタイトルで始まり、数行の説明のあと、「<nav class= ～」ではじまる24行ほどのプログラムが記載されている欄があります(「Nav」のタイトルで始まっていない場合は画面右側にある「On this page」の目次の中にある「Nav」をクリックしてください)。プログラムが記載されている欄の右側にあるクリップボードのマークをクリックすると、サンプルプログラムをコピーすることができます。

この変更で、app/views/layouts/application.html.erbは次のようになります。

```
<!DOCTYPE html>
<html>
  <head>
    <title>Pdiary</title>
    <meta name="viewport" content="width=device-width,initial-scale=1">
    <%= csrf_meta_tags %>
    <%= csp_meta_tag %>

    <%= stylesheet_link_tag "application", "data-turbo-track": "reload" %>
    <link href="https://cdn.jsdelivr.net/npm/bootstrap@5.2.3/dist/css/bootstrap.min.css" ↵
rel="stylesheet" integrity="sha384-rbsA2VBKQhggwzxH7pPCaAqO46MgnOM80zW1RWuH61DGLwZJEdK2Ka ↵
dq2F9CUG65" crossorigin="anonymous">
    <%= javascript_importmap_tags %>
  </head>

  <body>
    <!-- ここから追加（ナビゲーションバー） -->
    <nav class="navbar navbar-fixed-top navbar-expand-lg navbar-dark bg-info">
      <div class="container-fluid">
        <a class="navbar-brand" href="/">Pdiary</a>
        <button class="navbar-toggler" type="button" data-bs-toggle="collapse" data-bs- ↵
target="#navbarSupportedContent" aria-controls="navbarSupportedContent" aria-expanded= ↵
"false" aria-label="Toggle navigation">
          <span class="navbar-toggler-icon"></span>
        </button>
        <div class="collapse navbar-collapse" id="navbarSupportedContent">
          <ul class="navbar-nav me-auto mb-2 mb-lg-0">
            <li class="nav-item">
              <a class="nav-link active" aria-current="page" href="/ideas">Ideas</a>
            </li>
          </ul>
        </div>
      </div>
    </nav>
    <!-- ここまで追加（ナビゲーションバー） -->
    <%= yield %>
    <script src="https://cdn.jsdelivr.net/npm/bootstrap@5.2.3/dist/js/bootstrap.bundle. ↵
min.js" integrity="sha384-kenU1KFdBIe4zVF0s0G1M5b4hcpxyD9F7jL+jjXkk+Q2h455rYXK/7HAuoJl+0I ↵
4" crossorigin="anonymous"></script>
  </body>
</html>
```

追加して保存できたら、`http://localhost:3000/` にアクセスして、画面上部にナビゲーションバーが表示されていることを確認してみましょう。

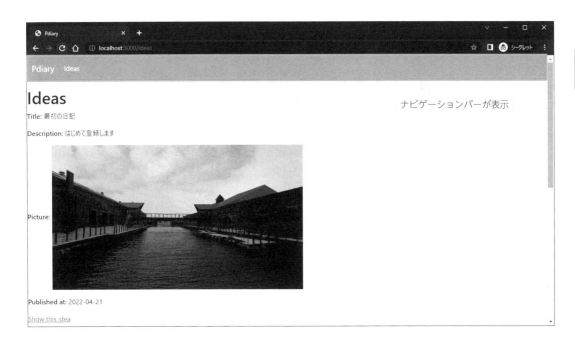

フッター

フッターはWebページの一番下にある情報領域のことを指します。pdiaryでは、画面の下部にコピーライトを表示するようにしてみましょう。

まず、app/views/layouts/application.html.erbをエディターで開き、`<%= yield %>`の次の行に、次のプログラムを追加して保存します。

```erb
<footer class="footer mt-auto py-3 bg-light">
  <div class="container">
    <span class="text-muted">Pdiary 製作委員会</span>
  </div>
</footer>
```

そして、`<html>`と`<body>`に、属性を追加して保存します（属性については次章で説明します）。

▼ `<html>`

```erb
<html class="h-100">
```

▼ \<body>

```
<body class="d-flex flex-column h-100">
```

ここまでの変更で、app/views/layouts/application.html.erbは次のようになります。

```
<!DOCTYPE html>
<html class="h-100">
```

　　　　　　　└ 属性を追加します。

```
  <head>
    <title>Pdiary</title>
    <meta name="viewport" content="width=device-width,initial-scale=1">
    <%= csrf_meta_tags %>
    <%= csp_meta_tag %>

    <%= stylesheet_link_tag "application", "data-turbo-track": "reload" %>
    <link href="https://cdn.jsdelivr.net/npm/bootstrap@5.2.3/dist/css/bootstrap.min.css" ⏎
rel="stylesheet" integrity="sha384-rbsA2VBKQhggwzxH7pPCaAqO46MgnOM80zW1RWuH61DGLwZJEdK2Ka ⏎
dq2F9CUG65" crossorigin="anonymous">
    <%= javascript_importmap_tags %>
  </head>

  <body class="d-flex flex-column h-100">
```

　　　　　　　　　└ 属性を追加します。

```
    <nav class="navbar navbar-fixed-top navbar-expand-lg navbar-dark bg-info">
      <div class="container-fluid">
        <a class="navbar-brand" href="/">Pdiary</a>
        <button class="navbar-toggler" type="button" data-bs-toggle="collapse" data-bs- ⏎
target="#navbarSupportedContent" aria-controls="navbarSupportedContent" aria-expanded= ⏎
"false" aria-label="Toggle navigation">
          <span class="navbar-toggler-icon"></span>
        </button>
        <div class="collapse navbar-collapse" id="navbarSupportedContent">
          <ul class="navbar-nav me-auto mb-2 mb-lg-0">
            <li class="nav-item">
              <a class="nav-link active" aria-current="page" href="/ideas">Ideas</a>
            </li>
          </ul>
        </div>
      </div>
    </nav>
    <%= yield %>
```

```
<!-- ここから追加（フッター） -->
<footer class="footer mt-auto py-3 bg-light">
  <div class="container">
    <span class="text-muted">Pdiary 製作委員会</span>
  </div>
</footer>
<!-- ここまで追加（フッター） -->
<script src="https://cdn.jsdelivr.net/npm/bootstrap@5.2.3/dist/js/bootstrap.bundle.↵
min.js" integrity="sha384-kenU1KFdBIe4zVF0s0G1M5b4hcpxyD9F7jL+jjXkk+Q2h455rYXK/7HAuoJl+0I↵
4" crossorigin="anonymous"></script>
  </body>
</html>
```

　追加できたら、`http://localhost:3000/`に再度アクセスして、フッターが表示されていることを確認してみましょう（そのままでフッターが見えない場合は、画面をスクロールしてみてください）。

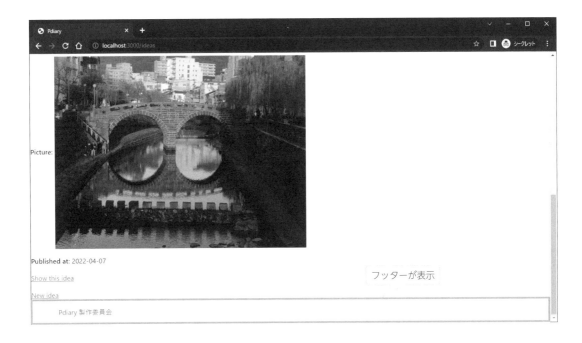

　`http://localhost:3000/`だけではなく、たとえば`http://localhost:3000/ideas/new/`といった他の画面にもアクセスしてみてください。どの画面にアクセスしても、ナビゲーションバーとフッターは表示されるようになっています。これは、app/views/layouts/application.html.erbにナビゲーションバーと、フッターの情報を追加したことによるものです。

各画面の見た目をきれいにしよう

一覧画面と投稿画面

ここまでで、ナビゲーションバーとフッターが表示されるようになりました。これから、一覧画面・投稿画面の見た目を変更していきましょう。

まず、http://localhost:3000/でアクセスする一覧画面ですが、よく見ると左側に余白がありませんね。少し周りに余白を持たせましょう。app/views/layouts/application.html.erbをエディターで開き、<%= yield %>の部分を次のように変更して保存します。

```
<div class="container">
  <%= yield %>
</div>
```

この変更で、app/views/layouts/application.html.erbは次のようになります。

```
<!DOCTYPE html>
<html class="h-100">
  <head>
    <title>Pdiary</title>
    <meta name="viewport" content="width=device-width,initial-scale=1">
    <%= csrf_meta_tags %>
    <%= csp_meta_tag %>

    <%= stylesheet_link_tag "application", "data-turbo-track": "reload" %>
    <link href="https://cdn.jsdelivr.net/npm/bootstrap@5.2.3/dist/css/bootstrap.min.css" ↵
rel="stylesheet" integrity="sha384-rbsA2VBKQhggwzxH7pPCaAqO46MgnOM80zW1RWuH61DGLwZJEdK2Ka ↵
dq2F9CUG65" crossorigin="anonymous">
    <%= javascript_importmap_tags %>
  </head>

  <body class="d-flex flex-column h-100">
    <nav class="navbar navbar-fixed-top navbar-expand-lg navbar-dark bg-info">
      <div class="container-fluid">
        <a class="navbar-brand" href="/">Pdiary</a>
        <button class="navbar-toggler" type="button" data-bs-toggle="collapse" data-bs- ↵
target="#navbarSupportedContent" aria-controls="navbarSupportedContent" aria-expanded= ↵
"false" aria-label="Toggle navigation">
          <span class="navbar-toggler-icon"></span>
        </button>
        <div class="collapse navbar-collapse" id="navbarSupportedContent">
```

```
          <ul class="navbar-nav me-auto mb-2 mb-lg-0">
            <li class="nav-item">
              <a class="nav-link active" aria-current="page" href="/ideas">Ideas</a>
            </li>
          </ul>
        </div>
      </div>
    </nav>

    <div class="container">
```

└ この行を追加します。

```
      <%= yield %>
    </div>
```

└ この行を追加します。

```
    <footer class="footer mt-auto py-3 bg-light">
      <div class="container">
        <span class="text-muted">Pdiary 製作委員会</span>
      </div>
    </footer>
    <script src="https://cdn.jsdelivr.net/npm/bootstrap@5.2.3/dist/js/bootstrap.bundle.↵
min.js" integrity="sha384-kenU1KFdBIe4zVF0s0G1M5b4hcpxyD9F7jL+jjXkk+Q2h455rYXK/7HAuoJl+0I↵
4" crossorigin="anonymous"></script>
  </body>
</html>
```

　変更できたら、http://localhost:3000/ に再度アクセスしてみましょう。左側と周囲に少し余白が
できた状態になりました。

投稿画面と編集画面

まずは、投稿画面である、app/views/ideas/new.html.erbをエディターで開いて内容を見てみましょう。

```
<h1>New idea</h1>

<%= render "form", idea: @idea %>
```
└ 部分テンプレートを呼び出しています。

```
<br>

<div>
  <%= link_to "Back to ideas", ideas_path %>
</div>
```

一見、投稿画面の情報は何もないように見えますが、`<%= render "form", idea: @idea %>`がポイントです。ここで、app/views/ideas/_form.html.erbという名前のファイルの内容が表示されるようになります。

これは部分テンプレートという仕組みを利用しています。部分テンプレートは、ビューをいくつかのファイルに分割したものです。たとえば、複数の箇所で利用するビューのプログラムを、部分テ

ンプレートとして、別のファイル[注20]として書き出しておきます。別のファイルに分けておくことで、renderメソッドを使ってプログラムを利用したい場所で簡単に呼び出すことができます。

　実は、今回のapp/views/ideas/_form.html.erbは、編集画面のapp/views/ideas/edit.html.erbでも部分テンプレートとして呼び出しています。

```
<h1>Editing idea</h1>

<%= render "form", idea: @idea %>
```
└ 部分テンプレートを呼び出しています。

```
<br>

<div>
  <%= link_to "Show this idea", @idea %> |
  <%= link_to "Back to ideas", ideas_path %>
</div>
```

　app/views/ideas/new.html.erbと同じように<%= render "form", idea: @idea %>がありますね。

　今回の投稿画面と編集画面では、部分テンプレートである、app/views/ideas/_form.html.erbを変更すれば、どちらにもその変更が反映されることになります。それではapp/views/ideas/_form.html.erbをエディターで開いて、次のようにプログラムを変更して保存してみましょう。

```
<%= form_with(model: idea) do |form| %>
  <% if idea.errors.any? %>
    <div style="color: red">
      <h2><%= pluralize(idea.errors.count, "error") %> prohibited this idea from being ↵
saved:</h2>

      <ul>
        <% idea.errors.each do |error| %>
          <li><%= error.full_message %></li>
        <% end %>
      </ul>
    </div>
  <% end %>
```

注20 部分テンプレートのファイル名は、ファイル名の先頭にアンダースコア（_）をつけて保存します。

122

```erb
<div class="my-4">
```
└ 属性を追加します。

```erb
  <%= form.label :title, class: "form-label" %>
```
└ 属性を追加します（classの前にカンマが必要です）。

```erb
  <%= form.text_field :title, class: "form-control" %>
```
└ 属性を追加します（classの前にカンマが必要です）。

```erb
</div>
```

```erb
<div class="my-4">
```
└ 属性を追加します。

```erb
  <%= form.label :description, class: "form-label" %>
```
└ 属性を追加します（classの前にカンマが必要です）。

```erb
  <%= form.text_area :description, class: "form-control" %>
```
└ 属性を追加します（classの前にカンマが必要です）。

```erb
</div>
```

```erb
<div class="my-4">
```
└ 属性を追加します。

```erb
  <%= form.label :picture, class: "form-label" %>
```
└ 属性を追加します（classの前にカンマが必要です）。

```erb
  <%= form.file_field :picture, class: "form-control" %>
```
└ 属性を追加します（classの前にカンマが必要です）。

```erb
</div>
```

```erb
<div class="my-4">
```
└ 属性を追加します。

```erb
  <%= form.label :published_at, class: "form-label" %>
```
└ 属性を追加します（classの前にカンマが必要です）。

```erb
<%= form.date_field :published_at, class: "form-control" %>
```
└ 属性を追加します（classの前にカンマが必要です）。

```erb
</div>
```

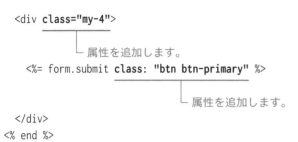

```
<div class="my-4">
```
└─ 属性を追加します。
```
    <%= form.submit class: "btn btn-primary" %>
```
└─ 属性を追加します。
```
  </div>
<% end %>
```

　これで、`http://localhost:3000/ideas/new/`にアクセスすると、整形された画面が表示されるはずです。念のため、データを登録して、登録直後に表示される参照画面から「Edit this idea」リンクをクリックして編集画面に遷移し、投稿画面と同じく整形された画面が表示されることを確認してみましょう。変更後の画面は、Title や Description などの入力欄の横幅が広がり、「Create Idea」ボタンはサイズが少し大きくなり、色も青色になった状態になっているはずです。

▼ 変更前の画面

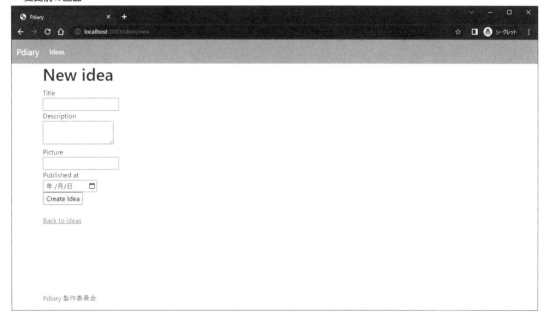

▼ 変更後の画面

　これで見た目もある程度整いました。これからもう一歩ステップアップして、見た目をさらにバージョンアップしていきましょう。

## Chapter 4

画面のデザインを
変えてみよう

　前章ではRailsの便利なコマンドを使うことで、あっという間に日記を一覧で見る・投稿する・編集する・削除するアプリケーションを作ることができました。そして、Bootstrapを導入することで、見た目を整えることもできました。

　本章では画面のデザインをさらにバージョンアップさせましょう。Webアプリケーションの画面の見た目に関する部分の開発を「フロントエンド」開発といいます。まずは、フロントエンド開発の大切な3つの要素であるHTML・CSS・JavaScriptの基本について簡単に学んだあとで、一覧画面のデザインをInstagramのプロフィール画面のように変更していきましょう。

4-1 フロントエンド開発の大切な３つの要素

前章でも軽く触れていますが、HTML・CSS・JavaScriptについてもう少し見ていきましょう。

HTML

HTML（エイチティーエムエル）は、HyperText Markup Language（ハイパーテキスト マークアップ ランゲージ）の略で、文章構造を記述するための言語（マークアップ言語）です。文書構造の例として、新聞や、ニュースサイトの1ページを思い浮かべてみてください。まず見出しがあり、次に概要、そして詳細な内容がある…といった感じです。この「見出し」や「概要」といった文章の構造を、タグを利用して表します。たとえば、次のような形になります。

```
<html>
  <head>
    <title>タイトルです</title>
  </head>
  <body>
    <h1>見出しの部分です</h1>
    <p>段落その１です。</p>
    <p>段落その２です。</p>
  </body>
</html>
```

もう少し構成を詳しく見るため、ここではタイトル部分を例にとってみます。

タグは、山かっこ（<,>）で囲まれた部分です。要素名（文章構造の種類を表すもの）が山かっこに入ったものが開始タグとなり、要素名の前にスラッシュ（/）をつけたものが、終了タグとなります。今回は、

titleが要素名、\<title\>が開始タグ、\</title\>が終了タグになります。そして、開始タグと終了タグに挟まれた「タイトルです」は内容です。開始タグ・内容・終了タグを含めた全体を、要素と呼びます。

HTMLの要素には、次のようなものが代表的にあります[注1]。

要素名	説明
html	この文書がHTMLであることを表します。HTMLの要素は、すべて\<html\>〜\</html\>の中に配置されます。
head	この文書に関する作成者や作成日時などの情報（メタデータ）を表します。
title	Webページのタイトルを表します。ブラウザのタブやタイトルバーに表示されます。
body	HTMLのコンテンツ（Webページで表示する内容）を表します。
nav	メニューや目次といった、他ページや同一ページ内へのリンク（ナビゲーションリンク）を表します。
p	ひとつの段落を表します。
h1,h2,h3,h4,h5,h6	見出しを表します。数字が小さければ小さいほど、大きな見出しになります。
table	表形式のデータを表します。表の具体的な構造はth,tr,td要素を利用して表現します。
th	表のヘッダーを表します。\<table\>〜\</table\>の中で利用します。
tr	表の行を表します。\<table\>〜\</table\>の中で利用します。
td	表の行の中のひとつのデータを表します。\<table\>〜\</table\>の中で利用します。
div	汎用的なひとかたまりのコンテンツであることを表します。

また、HTML要素には属性[注2]を設定できます。属性はHTML要素の追加情報を設定するもので、属性名="属性値"という形で表すことができます。

また属性は複数設定することができます。たとえば、次のように設定します。

HTMLの属性には様々なものがありますが、id・classはCSSでよく利用される属性でもあります。idは、HTMLファイル内で、要素を識別するための属性値を設定するものです。HTMLファイル内で

注1　今回ここで説明したもの以外にも、さまざまなHTMLの要素があります。詳しくは、「MDN Web Docs - HTML要素リファレンス」（https://developer.mozilla.org/ja/docs/Web/HTML/Element/）を参照してください。例では、Webページのタイトル、中身として、見出し、段落が2つある構造になっています。

注2　属性にもさまざまな種類があり、特定のHTML要素のみ利用できるものなどがあります。詳しくは「MDN Web Docs - HTML属性リファレンス」（https://developer.mozilla.org/ja/docs/Web/HTML/Attributes/）を参照してください。

idの値は、同じ値を重複せずに設定する必要があります。classは、HTMLファイル内で、特定のグループを表す属性値を設定するものです。スペース区切りで複数の値が設定可能です。

HTML要素の親子関係

　HTMLは要素の入れ子構造になっていることもあり、親子関係や兄弟関係などで要素を指定して説明することも多いです。先ほどのHTML文書のbody要素から見て、どのような関係になるかを次の図で示します。

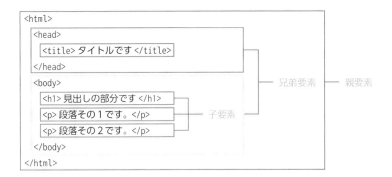

　入れ子要素の中にあるものを子要素、自分が入れ子として含まれているすぐ上の要素を親要素といいます。body要素の場合は、h1要素・p要素が子要素、html要素が親要素となります。また、同じ親要素に含まれていて、同じ階層の要素を兄弟要素といいます。body要素の場合はhead要素が該当します。

 CSS

　CSSは、Cascading Style Sheetsの略で、HTMLに対してスタイル（見た目）を設定するために利用される言語です。HTMLの要素や属性に対して、文字色や背景色といった色や、ブラウザの表示位置やレイアウトなどを設定できます。たとえば、次のように指定します。

```
      ┌ セレクター
   ┌─┘
h1 {
  color: red;
    └──┬─┘ └──┬─
       │        └ プロパティ値
       │
       └ プロパティ
}
```

こういったスタイルを設定する対象のことをセレクターといいます。この例ではHTMLのh1要素に対して文字色を赤色に設定しています。また、HTMLの要素だけでなく、属性に対しても設定が可能なセレクターもあります。代表的なセレクターを次に記載します[注3]。

セレクターの種類	セレクターの書き方（例）	説明
要素型セレクター	h1	HTML要素に対してスタイルを設定します。
クラスセレクター	.main-header	HTMLの属性名がclassの属性に対してスタイルを設定します。
IDセレクター	#main01	HTMLの属性名がidの属性に対してスタイルを設定します。
属性セレクター	h1[class^=main]	HTMLの指定された属性、または条件で設定した属性値に対してスタイルを設定します。

HTML と CSS の関係

では、HTMLとCSSはどのように関係しているのかを説明します。先ほど例で挙げたHTMLにどのようにCSSが適用されるかを見てみましょう。

次のHTMLをエディターで新規に作成し、「sample.html」として保存しましょう。

```
<html>
  <head>
    <title>タイトルです</title>
  </head>
  <body>
    <h1>見出しの部分です</h1>
    <p>段落その1です。</p>
    <p>段落その2です。</p>
  </body>
</html>
```

VS Codeを利用する場合は、メニューから「File」→「New Window」で新しいVS Codeの画面を開くと、文字入力画面も同時に開くので、そこにHTMLを記述します（ファイル名が「Untitled-1」という名前で表示されています。もし表示されていない場合はメニューから「File」→「New Text File」を選択してください）。HTMLの記述が終わったら Ctrl + S （Windowsの場合）または Command + S （macOSの場合）を同時に押すと、ファイル保存画面が表示されます。次のディレクトリを新たに作成して、その中に「sample.html」として保存しましょう。

注3 他にもさまざまな種類があります。詳しくは「MDN Web Docs - CSS セレクター」（https://developer.mozilla.org/ja/docs/Web/CSS/CSS_Selectors/）を参照してください。

OS	保存先のディレクトリ名
Windows	C:¥Users¥アカウント名¥HTML_CSS
macOS	/Users/ユーザー名/HTML_CSS

保存したら、このファイルをダブルクリックして、ブラウザで開いてみましょう。次の画面のように、文字だけの情報が表示されているはずです。

次に「sample.html」を保存したところと同じディレクトリに、「sample.css」という名前で、次のCSSを保存します。VS Codeを利用する場合は、先ほどと同じようにCSSを保存しましょう。

```
h1 {
   h1要素に、デザイン（文字色を赤色）を設定します。
  color: red;
}

.sec1 {
   属性名がclass、属性値がsec1の属性にスタイル（文字色を青色にして、文字を太字にする）
   を設定します（なお属性値sec1は、今回設定した属性値です）。
  color: blue;
  font-weight: bold;
}
```

このCSSは、h1要素の内容の文字色を赤色に変更し、属性名がclassで、属性値がsec1の属性を持つ要素の内容の文字色を青色にすると同時に文字を太字にするものです。

それでは、「sample.css」を、「sample.html」の中で読み込むようにしましょう。次のように「sample.html」を変更して保存します。

```
<html>
  <head>
    <title>タイトルです</lille>
```

```
   </head>
 <link rel="stylesheet" href="./sample.css" />
```
                          └ この行を追加します。
```
 <body>
   <h1>見出しの部分です</h1>
   <p>段落その1です。</p>
   <p>段落その2です。</p>
 </body>
 </html>
```

変更して保存が終わったら、「sample.html」をブラウザ上でリロードするか、開き直してみましょう。ブラウザで見出しの部分の「見出しの部分です」という文字色が赤色に変更していることを確認してみましょう。

さらに2つあるp要素のうちのひとつに、属性を追加してみましょう。次のように属性名をclass、属性値をsec1として属性を追加して保存します。

```
<p class="sec1">段落その1です。</p>
```
        │   └ 属性値をsec1とします。
        └ 属性名をclassとします。

最終的な「sample.html」は次のようになっているはずです。

```
 <html>
   <head>
     <title>タイトルです</title>
   </head>
   <link rel="stylesheet" href="./sample.css" />
   <body>
     <h1>見出しの部分です</h1>
     <p class="sec1">段落その1です。</p>
```
                 └ 属性名をclass、属性値をsec1とします。
```
     <p>段落その2です。</p>
   </body>
 </html>
```

もう一度「sample.html」をリロードするか、開き直してみましょう。今度は、属性名がclassで、属性値がsec1である属性の要素の内容「段落その1です。」の文字色が青色、文字が太字になっているはずです。

　このように、HTMLの要素や属性に対して「このような見た目にしたい」という設定をCSSファイルに記述します。そして、そのCSSファイルをHTML上で読み込むことで、CSSファイルで設定したスタイルをHTMLへ反映させることができます。

　本書ではCSSフレームワークであるBootstrapを導入したとき、見た目を変更するために、ナビゲーションバーやフッターのHTMLを追加したり、画面のHTMLに対して属性名がclassの属性を追加したりしました。前章で追加したフッター部分を例に挙げます。

```
<footer class="footer mt-auto py-3 bg-light">
  <div class="container">
    <span class="text-muted">Pdiary 製作委員会</span>
  </div>
</footer>
```

　Bootstrapには、属性名がclassの属性で、CSSのスタイルを設定しているクラスセレクターと呼ばれるものが多数設定されています。たとえば、このfooter要素の属性名がclassの属性に設定されている属性値py-3は上下に余白（パディング）を設定するものですし、属性値bg-lightは要素の背景を灰色に設定するものです。このように、HTMLの属性名をclass、属性値をBootstrapで指定されている値に設定することで、簡単にスタイルを設定できる、という仕組みになっています。

 JavaScript

　JavaScript[注4]は、主にブラウザの中で動作するプログラミング言語です。Webアプリケーションで画面の動作や振る舞いを設定するのに欠かせないものです。また近年はブラウザの中だけでなく、サーバーサイド側のアプリケーションや、Windows・macOSのアプリケーションとしても幅広く利用されるようになっています。実は、今まであなたが利用してきたエディターであるVS CodeもJavaScriptを利用して[注5]作成されています。

　今回は、Bootstrap内での利用にとどめておくためJavaScriptの文法等の説明は割愛します。詳しく学習したい方は、「JavaScript Primer」（https://jsprimer.net/）や、JavaScriptの入門書籍を参照してください。

　これで、フロントエンドの3つの要素についての学習は終了です。次からは、実際にpdiaryのデザインを変えていきましょう。

注4　名前に「Java」と含まれることから、別のプログラミング言語である「Java」と間違えられることもありますが、JavaScriptとの関係はありません。

注5　Electronというソフトウェアフレームワークの中で、JavaScriptの上位互換であるTypeScriptを利用しています。

4-2 一覧画面と参照画面のデザインを変えよう

　Instagramのプロフィール画面、たとえば「Railsgirlsのプロフィール画面」（https://www.instagram.com/railsgirls/）をブラウザで見ると、写真が横に3枚ずつタイルのように並んでいます。また、表示されているその中のひとつの写真をクリックすると、写真とコメントやハッシュタグなどの詳細情報が表示されている画面に遷移します。

　pdiaryでは、Instagramのデザインを参考にして、一覧画面は画像が横に3枚ずつ並ぶデザインに、参照画面は左側に画像、右側に日記の詳細情報（日記のタイトル・日記の内容・投稿日）を表示するデザインに変更していきましょう。

 ## 一覧画面のデザインを変えよう

　まずは一覧画面で画像を横に3枚ずつタイルのように並べるようにしてみましょう。app/views/ideas/index.html.erbをエディターで開いて、内容を確認してみましょう。

```erb
<p style="color: green"><%= notice %></p>

<h1>Ideas</h1>

<div id="ideas">
  <% @ideas.each do |idea| %>
    <%= render idea %>
```

app/views/ideas/_idea.html.erbを呼び出しています。

```erb
    <p>
      <%= link_to "Show this idea", idea %>
    </p>
  <% end %>
</div>

<%= link_to "New idea", new_idea_path %>
```

　`<%= render idea %>`がありますね。ここはapp/views/ideas/_idea.html.erbを呼び出して、その内容を表示しているところになります。app/views/ideas/_idea.html.erbをエディターで開いて、どのような内容を表示しているか確認してみましょう。

```
<div id="<%= dom_id idea %>">
  <p>
    <strong>Title:</strong>
    <%= idea.title %>
  </p>

  <p>
    <strong>Description:</strong>
    <%= idea.description %>
  </p>

  <p>
    <strong>Picture:</strong>
    <%= image_tag(idea.picture_url, width: '600px') if idea.picture.present? %>
```
　　　　　　　　　　　　　　└ ここで画像を表示する処理を行っています。
```
  </p>

  <p>
    <strong>Published at:</strong>
    <%= idea.published_at %>
  </p>

</div>
```

　app/views/ideas/_idea.html.erbは、日記のタイトル・日記の内容・画像・投稿日を表示している部分テンプレートです。この部分テンプレートを変更して、画像だけを表示できるようにするとよさそうです。

　この部分テンプレートは参照画面でも利用しています。app/views/ideas/show.html.erbをエディターで開いて、どのようになっているかを確認してみましょう。

```
<p style="color: green"><%= notice %></p>

<%= render @idea %>
```
　　　　　└ app/views/ideas/_idea.html.erbを呼び出しています。

```
<div>
  <%= link_to "Edit this idea", edit_idea_path(@idea) %> |
  <%= link_to "Back to ideas", ideas_path %>

  <%= button_to "Destroy this idea", @idea, method: :delete %>
</div>
```

こちらにも<%= render @idea %>がありますね。<%= render idea %>と<%= render @idea %>は、異なる部分テンプレートの呼び出しに見えますが、実は同じ部分テンプレートを呼び出しています[注6]。

今回は、一覧画面は画像だけを表示させ、参照画面に画像と日記の詳細情報を表示させようとしています。もし、この部分テンプレートを変更して画像だけが表示されるようにすると、一覧画面と参照画面の両方ともが画像だけ表示される状態になってしまいます。そこで、一覧画面のapp/views/ideas/index.html.erbは、部分テンプレート呼び出しをやめて、画像を表示するように変更していきましょう。

app/views/ideas/index.html.erbをエディターで開いて、次のように変更して保存します。

```
<p style="color: green"><%= notice %></p>

<h1>Ideas</h1>

<div id="ideas">
  <% @ideas.each do |idea| %>
    <%= image_tag(idea.picture_url, width: '600px') if idea.picture.present? %>
```
└ 部分テンプレート呼び出しから、画像を表示するように変更します。
```
    <p>
      <%= link_to "Show this idea", idea %>
    </p>
  <% end %>
</div>

<%= link_to "New idea", new_idea_path %>
```

変更して保存できたら、確認してみましょう。Webサーバーを起動していない場合は、ターミナル（Windowsの場合はコマンドプロンプト）で次のコマンドを実行します。

注6　部分テンプレートを呼び出すときには、さまざまな記述方法があり、省略形で書くことも可能です。今回は両方とも省略形での書き方になっているため、一見異なるように見えています。

136

▼ Windows の場合

```
cd %HOMEPATH%/myWebApp/pdiary  # pdiaryのRailsルートディレクトリに移動
ruby bin/rails server  # Webサーバーを起動
```

▼ macOS の場合

```
cd ~/myWebApp/pdiary  # pdiaryのRailsルートディレクトリに移動
bin/rails server  # Webサーバーを起動
```

Webサーバーを起動したら、http://localhost:3000/にアクセスしてみましょう。登録した画像が縦1列に並んで表示されているのがわかります。

ここから横に3枚ずつ画像が並ぶようにしていきましょう。引き続き、app/views/ideas/index.html.erbをエディターで開いて、次のように変更して保存します。

```
<p style="color: green"><%= notice %></p>

<h1>Ideas</h1>

<div id="ideas">
```

```erb
<% @ideas.in_groups_of(3, false) do |idea_group| %>
```

└ 先ほど3つずつに分けられたIdeaのグループは、1つの
グループずつ、変数idea_groupに格納されて、ループの
中で利用されます。

└ 変数@ideasに格納されている複数のIdeaを3つずつのグループに分けて
ループを回します。最後のグループで3つに満たない場合はそのままの数
でグループにします（たとえば2つなら2つのままグループにします）。

```erb
<div class="row">
```

└ Bootstrapを利用します（グリッドレイアウトを利用して、<div class="row">〜
</div>に囲まれた部分を1行とします）。

```erb
<% idea_group.each do |idea| %>
```

└ 先ほど変数idea_groupに格納されたIdeaのグループから、Ideaを1つずつ取り出して、
ループを回します。取り出したideaは、変数ideaに格納されます。

```erb
<div class="col-md-4">
```

└ Bootstrapを利用します（グリッドレイアウトを利用して、
1行を12等分したうちの4つ分の幅を利用します）。

```erb
  <%= image_tag(idea.picture_url, width: '600px') if idea.picture.present? %>
  <p>
    <%= link_to "Show this idea", idea %>
  </p>
</div>
```

└ <div class="col-md-4">の範囲はここまで、ということで</div>を追加しています。

```erb
<% end %>
```

└ 変数idea_groupからIdeaを1つずつ取り出すループはここまで、
という<% end %>です。

```erb
  </div>
<% end %>
```

└ 変数@ideasに格納されている複数のIdeaを3つずつのグループに分けるループはここまで、
という<% end %>です。

```erb
</div>

<%= link_to "New idea", new_idea_path %>
```

　変更して保存したら、画像ファイルと一緒に日記を4つ以上投稿してhttp://localhost:3000/にア
クセスすると、横に画像が3つずつ並んでいることが確認できます。

しかし、この状態は、何だかおかしいですね。横に並んだ画像が重なって表示されています。これはimage_tagメソッドの引数（メソッドの後ろで指定した値）の影響です。

```
<%= image_tag(idea.picture_url, width: '600px') if idea.picture.present? %>
```

└─ 画像の幅は最大600pxです。

image_tagメソッドを利用したときに、2つ目の引数にwidth: '600px'と記載しています。これは画像の横幅（width）を最大600pxで表示する、という意味になります。今回アップロードしている画像ファイルは、すべて横幅が600pxよりも大きいものだったため、画像を表示するときの最大の横幅である600pxで表示しようとした結果、隣どうしの画像と重なり合っている状態になっています。

そこで、2つ目の引数をwidth: '100%'に変更して保存します。こうすると、画像を表示するときの最大の横幅が、HTMLの親要素の横幅いっぱいに表示されるため、お互いの画像が重ならないようになります。

```
<%= image_tag(idea.picture_url, width: '100%') if idea.picture.present? %>
```

└─ 画像の幅を100%に変更します。

変更して保存したら、もう一度http://localhost:3000/にアクセスしてみましょう。今度は画像が重ならずに表示されていますね。

なお、画像ファイルが登録されていないときは、次のように表示されます。

　もし、3-3にある「アップロードしたファイルを見えるようにしよう」で、一番最初に投稿した日記に画像ファイルを登録していない場合は、このように1件目だけ画像が表示されていない状態になります。画像を表示したい場合は、1件目の日記の編集画面から画像ファイルをアップロードしてみましょう。

　最後にリンク部分を変更しましょう。まずは、画像の下に表示されている「Show this idea」リンクを削除して、画像にリンクを設定するように変更します。こちらも、app/views/ideas/index.html.erbを変更します。次のように変更して保存しましょう。

```erb
<p style="color: green"><%= notice %></p>

<h1>Ideas</h1>

<div id="ideas">
  <% @ideas.in_groups_of(3, false) do |idea_group| %>
    <div class="row">
      <% idea_group.each do |idea| %>
        <div class="col-md-4 my-3">
```
└ Bootstrapを利用します（上下に余白（マージン）を追加します）。

```erb
          <%= link_to idea do %>
```
└ 画像にリンクを設定します。

```erb
            <%= image_tag(idea.picture_url, width: '100%') if idea.picture.present? %>
          <% end %>
```
└ リンク設定はここまでということで、`<% end %>`を追加しています。

```erb
        </div>
      <% end %>
    </div>
  <% end %>
</div>

<%= link_to "New idea", new_idea_path %>
```
└ このあと、この行を削除します。

　変更して保存したら、http://localhost:3000/にアクセスしてみましょう。画像の下に表示されている「Show this idea」リンクが削除されています。あわせて、画像をクリックすると参照画面に移動することも確認しましょう。

そして、この一覧画面の一番下にある「New idea」リンクは、ナビゲーションバーに移動してしまいましょう。

app/views/ideas/index.html.erbの最後の行にある<%= link_to "New idea", new_idea_path %>を削除して保存します。そして、ナビゲーションバーを設定した、app/views/layouts/application.html.erbを開いて、次のように変更して保存します。

```
<!DOCTYPE html>
<html class="h-100">
  <head>
    <title>Pdiary</title>
    <meta name="viewport" content="width=device-width,initial-scale=1">
    <%= csrf_meta_tags %>
    <%= csp_meta_tag %>

    <%= stylesheet_link_tag "application", "data-turbo-track": "reload" %>
    <link href="https://cdn.jsdelivr.net/npm/bootstrap@5.2.3/dist/css/bootstrap.min.css" ⏎
rel="stylesheet" integrity="sha384-rbsA2VBKQhggwzxH7pPCaAqO46MgnOM80zW1RWuH61DGLwZJEdK2Ka ⏎
dq2F9CUG65" crossorigin="anonymous">
    <%= javascript_importmap_tags %>
  </head>

  <body class="d-flex flex-column h-100">
```

```
            <nav class="navbar navbar-fixed-top navbar-expand-lg navbar-dark bg-info">
              <div class="container-fluid">
                <a class="navbar-brand" href="/">Pdiary</a>
                <button class="navbar-toggler" type="button" data-bs-toggle="collapse" data-bs- ⏎
target="#navbarSupportedContent" aria-controls="navbarSupportedContent" aria-expanded= ⏎
"false" aria-label="Toggle navigation">
                  <span class="navbar-toggler-icon"></span>
                </button>
                <div class="collapse navbar-collapse" id="navbarSupportedContent">
                  <ul class="navbar-nav me-auto mb-2 mb-lg-0">
                    <li class="nav-item">
                      <a class="nav-link active" aria-current="page" href="/ideas">Ideas</a>
                    </li>
                    <!-- ナビゲーションのリンクをここから追加 -->
                    <li class="nav-item">
                      <%= link_to "New idea", new_idea_path, class: "nav-link active" %>
                    </li>
                    <!-- ナビゲーションのリンクをここまで追加 -->
                  </ul>
                </div>
              </div>
            </nav>

            <div class="container">
              <%= yield %>
            </div>

            <footer class="footer mt-auto py-3 bg-light">
              <div class="container">
                <span class="text-muted">Pdiary 製作委員会</span>
              </div>
            </footer>
            <script src="https://cdn.jsdelivr.net/npm/bootstrap@5.2.3/dist/js/bootstrap.bundle. ⏎
min.js" integrity="sha384-kenU1KFdBIe4zVF0s0G1M5b4hcpxyD9F7jL+jjXkk+Q2h455rYXK/7HAuoJl+ ⏎
0I4" crossorigin="anonymous"></script>
          </body>
        </html>
```

　変更して保存したら、http://localhost:3000/にアクセスしてみましょう。ナビゲーションバーに
新たに「New idea」リンクが表示されているはずです。あわせて、このリンクをクリックして投稿画
面に移動することも確認しましょう。

参照画面のデザインを変えよう

次に参照画面で、左側に画像、右側に日記の詳細情報を表示するように変更してみましょう。参照画面は、app/views/ideas/show.html.erbになります。このファイルをエディターで開きます。

```
<p style="color: green"><%= notice %></p>

<%= render @idea %>
```

└ 部分テンプレートを呼び出しています。

```
<div>
  <%= link_to "Edit this idea", edit_idea_path(@idea) %> |
  <%= link_to "Back to ideas", ideas_path %>

  <%= button_to "Destroy this idea", @idea, method: :delete %>
</div>
```

一覧画面の変更時にも触れていますが、参照画面は部分テンプレートであるapp/views/ideas/idea.html.erbを呼び出しています。そのため、部分テンプレートを変更していく必要があります。

app/views/ideas/_idea.html.erbをエディターで開いて、次のように変更して保存します。画像を

表示している位置がTitleよりも前に移動しているのに注意しながら変更しましょう。

```
<div id="<%= dom_id idea %>" class="row">
```
└ Bootstrapを利用します（グリッドレイアウトを利用して
`<div class="row">`～`</div>`に囲まれた部分を1行とします）。

```
  <div class="col-md-6 my-3">
```
└ div要素を追加します。さらに属性も追加してBootstrapを利用します
（グリッドレイアウトを利用して、1行を12等分したうちの6つ分の幅を
利用します）。
```
    <%= image_tag(idea.picture_url, width: '600px') if idea.picture.present? %>
  </div>
```
└ div要素の終了タグを追加します。
```
  <div class="col-md-6 my-3">
```
└ div要素を追加します。さらに属性も追加してBootstrapを利用します
（グリッドレイアウトを利用して、1行を12等分したうちの6つ分の幅を
利用します）。
```
    <p>
      <strong>Title:</strong>
      <%= idea.title %>
    </p>

    <p>
      <strong>Description:</strong>
      <%= idea.description %>
    </p>

    <p>
      <strong>Published at:</strong>
      <%= idea.published_at %>
    </p>
  </div>
```
└ div要素の終了タグを追加します。
```
</div>
```

変更して保存したら、http://localhost:3000/にアクセスして、一覧画面を表示します。そのなか
で表示されている画像をクリックして参照画面を確認してみましょう。左側に画像、右側に日記の詳
細情報が表示されるようになりました。

　ここからもう少しだけ日記の詳細情報のデザインを変更しましょう。具体的には、日記のタイトルをもう少し大きく、投稿日の位置を変えるようにしてみましょう。また、画像の表示も600pxとサイズを固定しているため、こちらも一覧画面と同じく、HTMLの親要素の横幅いっぱいに表示されるように変更して保存します。

```
<div id="<%= dom_id idea %>" class="row">
    <div class="col-md-6 my-3">
        <%= image_tag(idea.picture_url, width: '100%') if idea.picture.present? %>
```

└─ 一覧画面と同じようにHTML親要素の横幅
　　いっぱいに表示されるようにします。

```
    </div>
    <div class="col-md-6 my-3">
      <h1>
```

└─ HTMLの要素をpからh1に変更し、次の行にある"Title:"と記載している部分を削除します。

```
      <%= idea.title %>
      </h1>
```

└─ HTMLの要素をpからh1に変更しています。

```
<time class="badge rounded-pill bg-info text-dark">
```
┗━┓
   ┗ 属性を追加してBootstrapを利用します（日付を、円形のバッジの形で囲みます）。
  ┗ HTMLの要素をpからtime（日付や時刻を表す要素）に変更し、次の行にある
   "Published at:"と記載している部分を削除します。

```
    <%= idea.published_at %>
  </time>
```
┗━┓
   ┗ HTMLの要素をpからtimeに変更しています。

```
  <p class="my-4">
```
┗━┓
   ┗ 属性を追加してBootstrapを利用します（上下に余白（マージン）を追加します）。
  ┗ 次の行にある"Description:" と記載している部分を削除します。
```
    <%= idea.description %>
  </p>
 </div>
</div>
```

変更して保存したら、もう一度ブラウザをリロードして参照画面を見てみましょう。

日記のタイトルの文字が大きくなり、投稿日が青色で囲まれるようになりました。

最後に、リンク部分を変更しましょう。一覧画面に遷移する「Back to ideas」リンクは、ナビゲーションバーにも一覧画面に遷移する「Ideas」リンクが存在するのでここからは削除します。そして、「Edit this idea」リンクと「Destroy this idea」ボタンはこの画面に残して、「Edit this idea」リンクは、ボタンの形に変更します。ボタン色は、「Edit this idea」は水色、「Destroy this idea」は赤色にしましょう。

app/views/ideas/show.html.erb を次のように変更して保存します。

```erb
<p style="color: green"><%= notice %></p>

<%= render @idea %>

<div class="btn-toolbar">
```
└─ div要素に属性を追加してBootstrapを利用します（ボタンを横並びにします）。後の行で、`<%= link_to "Back to ideas", ideas_path %>`と記載している部分を削除します。

```erb
  <%= link_to "Edit this idea", edit_idea_path(@idea), class: "btn btn-info" %>
```

属性を追加してBootstrapを利用します（リンクをボタンの形にして色を水色にします。また、classの前にカンマが必要です）。

```erb
  <%= button_to "Destroy this idea", @idea, method: :delete, class: "btn btn-danger ms-3" %>
```

属性を追加してBootstrapを利用します（ボタン色を赤色にして、左側に余白（マージン）をあけます。また、classの前にカンマが必要です）。

```erb
</div>
```

変更して保存ができたら、再度ブラウザをリロードします。

「Edit this idea」は水色、「Destroy this idea」は赤色

これで一覧画面と参照画面のデザイン変更は完了です。おつかれさまでした。

レスポンシブデザインを確認しよう

　一覧画面と参照画面のデザインを変更したので、コンピューター以外で見た場合にどのように見えるかを確認してみましょう。コンピューターやスマートフォン、タブレットなどのデバイスのブラウザでWebサイトを見たときに、それぞれの画面サイズ（幅）に応じて表示が切り替わるデザインをレスポンシブデザインといいます。HTMLは同じですが、画面の幅ごとに適用するCSSを切り替えることで表示の切り替えを行っています。

　それでは、pdiaryをスマートフォンで見た場合に、どのように表示されるのか確認してみましょう。ChromeやFirefoxなどのブラウザには「デベロッパーツール」という開発者向けの機能があり、スマートフォンやタブレットといった別のデバイスの場合に、どのように見えるかを確認できます。Chromeの場合、ブラウザ上の任意の場所で右クリックして表示されるメニューから「検証」をクリックすると、デベロッパーツール（DevTools）が表示されます（Windowsの場合は F12 、macOSの場合は command + option + i を同時に押しても表示できます）。

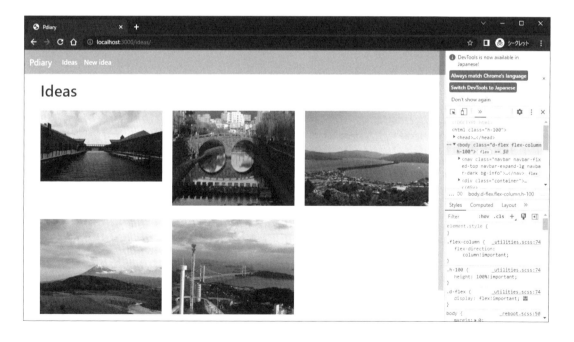

　そして、デベロッパーツールの右上の「Toggle device toolbar」をクリックすると、画面の上部にデバイス情報を選択するツールバーが表示されます（次の画面にある、四角の枠で囲まれたアイコンが「Toggle device toolbar」です）。

「Toggle device toolbar」を表示させると、次の画面のように、画面左側の表示が変わります。

今回はスマートフォンでの表示を確認したいので、「Dimensions: Responsive」[注7]の選択を「iPhone 12 Pro」「iPhone SE」「Pixel 5」といったスマートフォンのものに変更します（図の左側上部にあるメニューのうち、一番左側の枠で囲まれた部分が「Dimensions: Responsive」です）。

すると、縦長のスマートフォンの表示と同じような画面に切り替わります。また、先ほどの図の左側上部にあるメニューのうち、一番右側の点線の四角枠で囲まれたアイコンをクリックすることで、スマートフォンの縦と横の表示を切り替えることができます。

今回、画面デザインで利用したBootstrapは、レスポンシブデザインに対応しています。一覧画面で、画像を並べるときに利用したcol-md-4はブラウザの横幅が768px以上のときに有効となるクラスセレクターです。そのため、横幅が768pxよりも小さいiPhone 12 Proの画面で見ると、画像は1行に1件ずつ、縦にすべて並んで表示されるようになります。またiPhone 12 Proを横にした場合は、横幅が768pxよりも大きくなるため、コンピューターでの見え方と同様、横に画像が3件並びます。

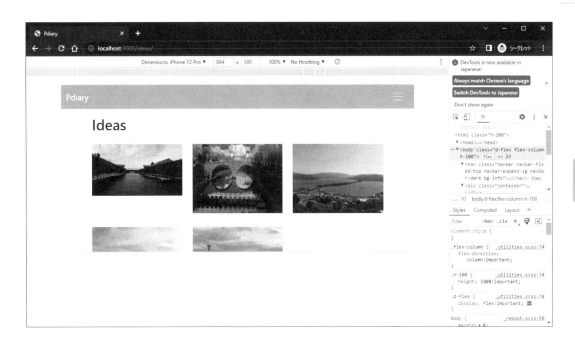

　このように、クラスセレクターをうまく使うことで、同じプログラムを用いて、コンピューターと
スマートフォン、どちらにも適したレイアウトで表示できます。ここまでで、一覧画面と参照画面の
画面デザインを変更し、スマートフォンでも見やすいレイアウトで表示できることが確認できました。

4-3
サムネイルを
作成・表示しよう

「4-2. 一覧画面と参照画面のデザインを変えよう」で、デザインを変更するときに、一覧画面や参照画面で、画面に表示するときの画像の横幅サイズを指定しました。

アップロードした画像ファイルをブラウザで表示するときは、指定された幅のサイズに縮小・拡大して表示する仕組みになっています。表示する縦・横の大きさが小さくなったとしても、アップロードした画像をそのまま読み込んで処理を行っています。そのため、表示される画像が増えれば増えるほど、さらに画像ファイルが大きいサイズになればなるほど、処理に時間がかかってしまいます。一覧画面のように、多くの画像を表示する画面は、表示し終わるまでに時間がかかり「遅いなー……」と感じてしまう可能性があります。

最近のスマートフォンで撮影できる写真も、4032px × 3024pxといった、大きなサイズの写真が一般的です。そこで、実際の画像ファイルよりサイズを小さくした画像であるサムネイルを作成して、一覧画面ではサムネイルを表示するようにしていきましょう。

サムネイル作成に必要なアプリケーション・gemをインストールしよう

「3-3. 画像ファイルをアップロードする機能を追加しよう」で画像ファイルをアップロードするために、CarrierWaveというgemをインストールしました。このgemは画像ファイルをアップロードできるようにするだけではなく、画像ファイルのサイズを指定してサムネイルを作ることもできます。今回はCarrierWaveの機能を使って、サムネイルを作ってみましょう。

CarrierWaveで画像ファイルの処理を行うためには、次の2つが必要です。

- 画像ファイルを表示・操作するアプリケーションのImageMagick
- ImageMagickをCarrierWaveから利用するためのgemのMiniMagick

ImageMagickは、すでに1章でインストールしたので、ここではgemのMiniMagickをインストールします。Railsルートディレクトリにある、Gemfileをエディターで開くと、Gemfileの一番最後の行にgem "carrierwave", "~> 2.2.3"があります。そのすぐ下の行に、次の1行を追加して保存します。

```
gem "carrierwave", "~> 2.2.3"
gem "mini_magick", "~> 4.11.0"
```

└ この行を追加します。

4

　もし、ここまでWebサーバーが動作していたら、Ctrl + Cを同時に押してWebサーバーを停止させて、そのままターミナルで次のコマンドを実行してみましょう。

▼ Windows の場合

```
bundle # Gemfileに記載したgemをインストール
```

▼ macOS の場合

```
bin/bundle # Gemfileに記載したgemをインストール
```

　ターミナルを閉じてしまった場合は、ターミナルを開いて、次のコマンドを実行してみましょう。

▼ Windows の場合

```
cd %HOMEPATH%/myWebApp/pdiary  # pdiaryのRailsルートディレクトリに移動
bundle # Gemfileに記載したgemをインストール
```

▼ macOS の場合

```
cd ~/myWebApp/pdiary  # pdiaryのRailsルートディレクトリに移動
bin/bundle # Gemfileに記載したgemをインストール
```

　これでMiniMagickのインストールが完了しました。

 ## サムネイルを表示してみよう

　次に、サムネイルを作成できるよう PictureUploader クラスの設定を変更します。app/uploaders/picture_uploader.rbをエディターで開きます。

　まずはMiniMagickを利用できるようにするため、# include CarrierWave::MiniMagickのコメントアウトした「#」を削除して保存します。

▼ 変更前

```
class PictureUploader < CarrierWave::Uploader::Base
  # Include RMagick or MiniMagick support:
  # include CarrierWave::RMagick
  # include CarrierWave::MiniMagick

  # Choose what kind of storage to use for this uploader:
(後略)
```

▼ 変更後

```
class PictureUploader < CarrierWave::Uploader::Base
  # Include RMagick or MiniMagick support:
  # include CarrierWave::RMagick
  include CarrierWave::MiniMagick
```
└ この行の先頭にあった#を削除します。

```
  # Choose what kind of storage to use for this uploader:
(後略)
```

　次に、サムネイルを作成するための設定を追加します。31行目付近に次のようなコメントアウトされた設定があるので、この部分を変更して保存します。コメントアウトした#を削除するだけでなく、メソッド名や引数も変更しているので、注意して変更してみましょう。

▼ 変更前

```
  # Create different versions of your uploaded files:
  # version :thumb do
  #   process resize_to_fit: [50, 50]
  # end
```

▼ 変更後

```
  # Create different versions of your uploaded files:
  version :thumb do
    process resize_to_fill: [300, 300, "Center"]
```
└ 画像の縦横比は保持したまま、画像の中心から最大幅300px、最大高さ300pxでサムネイルを作成します。

```
  end
```

　これで画像をアップロードしたときに、サムネイルを作成するようになりました。

次に、一覧画面でサムネイルを表示するようにしましょう。app/views/ideas/index.html.erbをエディターで開き、画像を表示するimage_tagの引数部分を変更して保存します。

```erb
<p style="color: green"><%= notice %></p>

<h1>Ideas</h1>

<div id="ideas">
  <% @ideas.in_groups_of(3, false) do |idea_group| %>
    <div class="row">
      <% idea_group.each do |idea| %>
        <div class="col-md-4 my-3">
          <%= link_to  idea  do %>
            <%= image_tag(idea.picture_url(:thumb), width: '100%') if idea.picture.present? %>
```

サムネイルを表示するように変更します。

```erb
          <% end %>
        </div>
      <% end %>
    </div>
  <% end %>
</div>
```

これで、サムネイルを表示できるようになりました。この状態で一度確認してみましょう。ターミナルで次のコマンドを実行します。

▼ Windows の場合

```
cd %HOMEPATH%/myWebApp/pdiary  # pdiaryのRailsルートディレクトリに移動
ruby bin/rails server # Webサーバーを起動
```

▼ macOS の場合

```
cd ~/myWebApp/pdiary  # pdiaryのRailsルートディレクトリに移動
bin/rails server # Webサーバーを起動
```

Webサーバーが起動したら、http://localhost:3000/へアクセスしてみましょう。一覧には何も画像が表示されなくなっているはずです。

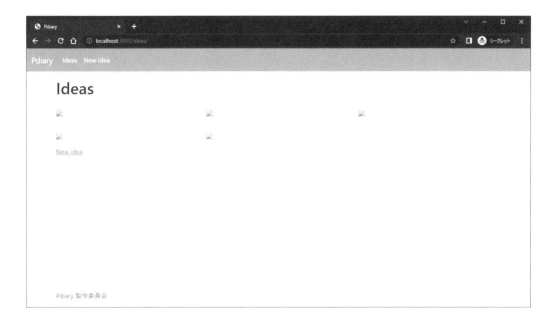

　ここで何も表示されないのは、今までに投稿した画像のサムネイルが作成されていないためです。サムネイルは、日記を投稿するとき（＝画像アップロード時）に作成されます。

　そこで、まずは投稿画面で新しい画像を投稿してみましょう。投稿したあとに一覧画面を表示すると、1枚だけサムネイルが表示されているはずです。

　ここで、画像のサイズがどのようになっているかを確認してみましょう。一覧画面で、サムネイルを右クリックして、表示されるメニューの一番下にある「検証」をクリックします。すると、ブラウザのデベロッパーツールの画面が表示されます。

　画面右側にあるプログラムのうち、画像を表示している1行が強調されています。この行の中にある画像のリンク部分にマウスカーソルを移動すると、次のように画像の詳細情報が表示されます。

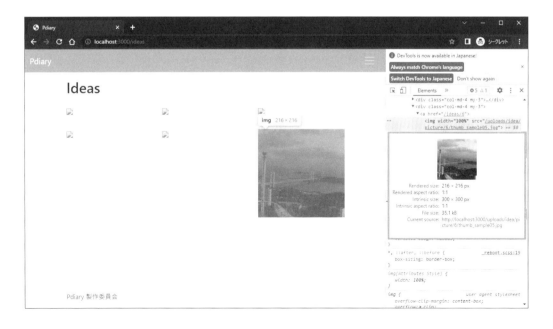

　この中の「Intrinsic size」と「File size」を見てみましょう。Intrinsic sizeは、実際の画像サイズを、File sizeはファイル容量の大きさを示しています。確認すると、実際の画像サイズは幅300px、高さ300px、ファイルサイズは35.1KBとなっています。

　今度は参照画面で、画像を検証してみましょう。一覧画面で表示されているサムネイルをクリックし、参照画面へ移動します。参照画面で表示されている画像を右クリックして、表示されるメニューの一番下にある「検証」をクリックします。先ほどと同じように、画面右側でハイライトされている部分の中にある画像のリンクにマウスカーソルを移動して、画像の詳細情報を確認してみましょう。

　実際の画像サイズは幅4032px、高さ3024px、ファイルサイズは1.5MBとなっています。一覧画面のサムネイルが、元々の画像よりも小さく作成されていることがわかりますね。サムネイルが作成・表示されていることが確認できたら、今まで投稿しているものについても、再度、編集画面で画像ファイルをアップロードしなおして、一覧画面に画像が表示されるようにしておきましょう。

　ここまでで、pdiaryの日記に関するひととおりの機能（日記を一覧で見る・投稿する・編集する・削除する）とデザインが完成しました。ただし、今のpdiaryでは、誰でも日記の投稿や編集ができる状態になっています。そこで、次章では、限られた人だけが日記の投稿や編集ができるように、もう少し機能を追加していきましょう。

## Chapter 5

ログイン・ログアウト
機能を追加しよう

　これまで作ってきたpdiaryは、誰でも日記の投稿・編集・閲覧ができる状態になっています。本章ではdeviseというgemを使ってpdiaryにユーザー登録やログイン・ログアウト機能を追加します。あわせて、投稿した日記の一覧は誰でも見ることができるように、日記の投稿や編集はログインしたユーザーだけができるようにしていきましょう。

　ログインしたユーザー（ログイン済みユーザー）とログインしていないユーザー（未ログインユーザー）のできること、できないことは、次の表のようになります。

操作	ログイン済みユーザー	未ログインユーザー
日記の一覧を見る	できる	できる
日記を投稿する	できる	できない
日記を編集する	できる	できない

5-1 gemを使って ログイン機能を追加しよう

本書ではdevise[注1]というgemを利用して、ログイン機能を追加します。

deviseとは

deviseは、Railsアプリケーションにユーザー登録・ログイン／ログアウト・パスワード変更などを簡単に追加できるgemで、ログイン機能を追加するときにもっとも多く利用されています[注2]。

deviseのインストール

それではさっそくpdiaryにdeviseをインストールしてみましょう。「3-3. 画像ファイルをアップロードする機能を追加しよう」で画像ファイルをアップロードするgemのCarrierWaveを追加しました。このときと同じようにdeviseを追加していきましょう。

ターミナル（Windowsの場合はコマンドプロンプト）でWebサーバーが動作している場合、Ctrl + Cを同時に押して、Webサーバーを停止させてから作業をはじめます。Webサーバーを停止させたら、まず、Railsルートディレクトリの中にある、Gemfileの最後の行に、次の1行を追加して保存します。

```
gem "devise", "~> 4.8.1"
```

追加して保存したら、ターミナルで次のコマンドを実行してみましょう（実行に時間がかかる場合があります）。

注1 「devise」(https://github.com/heartcombo/devise/)

注2 「The Ruby Toolbox」(https://www.ruby-toolbox.com/)は、活発にメンテナンスが行われて、よく使われるgemをカテゴリ別に調べることができるサイトです。このサイト内にあるユーザー認証機能のカテゴリー「The Ruby Toolbox - Category: Web Authentication」(https://www.ruby-toolbox.com/categories/rails_authentication/)を見ると、deviseが一番使われていることがわかります（2022年11月現在）。

▼ Windows の場合

```
bundle # Gemfileに記載したgemをインストール
```

▼ macOS の場合

```
bin/bundle # Gemfileに記載したgemをインストール
```

　次のようなメッセージが表示されたら、deviseのインストールは完了です（このときに表示されている Gemfile dependenciesの数と、gemsの数は環境によって異なる場合があります）。

```
Bundle complete! 18 Gemfile dependencies, 85 gems now installed.
Use `bundle info [gemname]` to see where a bundled gem is installed.
```

 deviseのセットアップ

　次は、deviseの設定ファイルを作成・設定していきましょう。ターミナルで次のコマンドを実行します。

▼ Windows の場合

```
ruby bin/rails generate devise:install # deviseの設定ファイルを生成
```

▼ macOS の場合

```
bin/rails generate devise:install # deviseの設定ファイルを生成
```

　するとターミナルに、新規で作成されたファイルのメッセージと英語の文章が表示されます。

```
      create  config/initializers/devise.rb
      create  config/locales/devise.en.yml
===============================================================================

Depending on your application's configuration some manual setup may be required:

  1. Ensure you have defined default url options in your environments files. Here
     is an example of default_url_options appropriate for a development environment
     in config/environments/development.rb:

        config.action_mailer.default_url_options = { host: 'localhost', port: 3000 }
```

In production, :host should be set to the actual host of your application.

* Required for all applications. *

2. Ensure you have defined root_url to *something* in your config/routes.rb.
   For example:

   root to: "home#index"

   * Not required for API-only Applications *

3. Ensure you have flash messages in app/views/layouts/application.html.erb.
   For example:

   ```
   <p class="notice"><%= notice %></p>
   <p class="alert"><%= alert %></p>
   ```

   * Not required for API-only Applications *

4. You can copy Devise views (for customization) to your app by running:

   rails g devise:views

   * Not required *

==

　この1〜4の英語の文章は、deviseを利用するために必要な設定を教えてくれているメッセージです。1〜4についてそれぞれ説明をしますが、ここで変更して保存が必要なのは3のみになります。

メッセージ1: 環境別の default_url_options を確認する（任意）

　deviseには、ユーザー登録時やパスワード変更時に、メールを送信する機能がついています。そのメールに記載するアプリケーションURL（ドメイン名とポート番号）の設定をdefault_url_optionsで行います。本書ではメールを送信する機能は使用しませんが、設定方法を確認しておきましょう。

　Railsでは、環境別の設定を、キーワードで区別して行えるようになっています。

環境	キーワード	説明
開発環境	development	開発を行う環境。プログラムを書いている環境
本番環境	production	インターネット上に公開されたときの本番環境
テスト環境	test	テストを行う環境[13]

default_url_optionsは、この環境別に設定が行えるようになっています。

環境別の設定ファイルは、config/environmentsディレクトリの中に保存されています。config/environments/development.rbに開発環境の設定が記載されているので、エディターで開きます。

最終行のendの上にメッセージの指示どおりに追加します。開発環境のURL（http://localhost:3000/）から、ドメイン名＝localhost、ポート番号＝3000を指定します。

```
require "active_support/core_ext/integer/time"

Rails.application.configure do                    ┌ ドメイン名を設定します。

  （中略）                                         ┌ ポート番号を設定します。

  config.action_mailer.default_url_options = { host: 'localhost', port: 3000 }

                        └ この行を追加します。

end
```

メッセージ2：config/routes.rb のルートパスを確認する（任意）

deviseのログイン機能では、ログインが成功すると、ユーザー名とパスワードを入力していたログイン画面からルートパスに設定してある画面へリダイレクト（転送）されるようになっています。

ここで、ルートパスについて、もう一度確認してみましょう。3-4にある「トップページを設定しよう」で、config/routes.rbでルートパスの設定を次のように行いました。

```
root to: redirect('/ideas')
```

これは、ルートパス（/、URLではhttp://localhost:3000/）にアクセスすると、日記の一覧画面（/ideas）にリダイレクトするという設定でした。pdiaryでは、このルートパスの設定で、ログインが成功すると日記の一覧画面が表示されるようになります。

注3　プログラムに不具合（バグといいます）がないことを確認するために、テストを行う環境。この場合のテストは、人がWebアプリケーションを操作しながら行うテストではなく、書いたプログラムをテストするためのテストプログラムを動作させるための環境を意味します。

メッセージ3：app/views/layouts/application.html.erb の
フラッシュメッセージの表示を確認する（必須）

　3-2にある「scaffoldで日記投稿画面を作ろう」で作成した画面では、日記の投稿・更新・削除を行ったときに、画面の上部にメッセージが表示するようになっていました（日記を投稿すると、画面上部に「Idea was successfully created.」と表示される緑色のメッセージです）。このメッセージは、表示されている画面から他の画面に遷移すると消えてしまいます。

　このように、表示されている画面から他の画面に遷移すると消えるメッセージのことをフラッシュメッセージといいます。deviseでは、ログインするときに入力したユーザー名とパスワードが一致しない場合のエラーメッセージや、ログインしたときのログイン成功のメッセージをフラッシュメッセージで表示できます。

　フラッシュメッセージを表示できるようにしておきましょう。ナビゲーションバーを設定した、app/views/layouts/application.html.erbに追加して、Webアプリケーション全体で表示できるようにしておきます。app/views/layouts/application.html.erbをエディターで開き、<%= yield %>の上の行に、次のプログラムを追加して保存します。

```
<p class="notice"><%= notice %></p>
<p class="alert"><%= alert %></p>
```

　フラッシュメッセージには、日記の投稿・更新の成功や、ログイン成功などの通知メッセージ（notice）と、ログインエラーやユーザー登録エラーなどの警告メッセージ（alert）の2種類があります。追加したプログラムで、noticeメッセージとalertメッセージが表示できるようになります。

　もう少し詳しく見ていきましょう。<p>の開始タグから</p>の終了タグで囲まれた次のプログラムが、フラッシュメッセージを表示している部分になります。

```
<p class="notice"><%= notice %></p>
```

　　　　　　　　　　　　　└ noticeは通知メッセージを返すメソッド呼び出しです。
　　　　　　　　　　　　　　 alertは警告メッセージを返すメソッド呼び出しです。

　　　└ 属性名がclass、属性値がnoticeまたはalertの属性を指定して、
　　　　フラッシュメッセージの表示デザインを変更します。

　pタグの持つ属性名がclassで、属性名をBootstrapで指定されている値（noticeまたはalert）の属性を指定することで、フラッシュメッセージの種類別（notice、alert）に表示を変更しています。<%= notice %>と<%= alert %>は、フラッシュメッセージを返すメソッドを呼び出していて、ここでメッセージが表示されるようになっています。

　最後に、日記の一覧画面と参照画面にフラッシュメッセ　ジを表示する箇所が残っているので、削

除しておきましょう。まず、一覧画面のapp/views/ideas/index.html.erbをエディターで開いて、1行目付近にある次の行を削除して保存します。

```
<p style="color: green"><%= notice %></p>
```

　続けて、参照画面のapp/views/ideas/show.html.erbもエディターで開いて、1行目にある次の行を削除して保存します（先ほどの一覧画面で削除したものと同じ行があります）。

```
<p style="color: green"><%= notice %></p>
```

メッセージ4：devise のビューのカスタマイズをする（後述）

　deviseにはユーザー登録画面・ログイン画面など、deviseの機能で使用する画面のテンプレート（ビューのテンプレート）があらかじめ用意されています。ビューのカスタマイズは、「5-5. ログイン画面・ユーザー登録画面のデザインを変えよう」で説明します。

　1～4のdeviseのメッセージに記載されていた設定は、これで終了です。

turbo-rails に対応する

　Rails 7.0.0以降、JavaScriptを書かずにフロントエンドを開発するためのturbo-rails[注4]というgemが標準でインストールされるようになりました。

　deviseでturbo-railsを使うには、deviseの設定を追加する必要があるので、設定していきましょう。deviseの設定は、config/initializers/devise.rbに書かれています。config/initializers/devise.rbをエディターで開き、260行目付近にある、次の記述を探します。

```
# ==> Navigation configuration
# Lists the formats that should be treated as navigational. Formats like
# :html, should redirect to the sign in page when the user does not have
# access, but formats like :xml or :json, should return 401.
#
# If you have any extra navigational formats, like :iphone or :mobile, you
# should add them to the navigational formats lists.
#
# The "*/*" below is required to match Internet Explorer requests.
# config.navigational_formats = ['*/*', :html]
```

この行を変更します。

注4　「turbo-rails」（https://github.com/hotwired/turbo-rails/）

次のように書き換えましょう。先頭の#を削除し、htmlの後ろに、, :turbo_stream[注5]を追加して保存します。

```
config.navigational_formats = ['*/*', :html, :turbo_stream]
```

追加します（:turbo_streamの前にカンマが必要です）。

これでdeviseのセットアップは完了です。

COLUMN

エラー画面を味方につけよう

今までpdiaryを作成している過程で、次のような画面を見た人もいるでしょう。

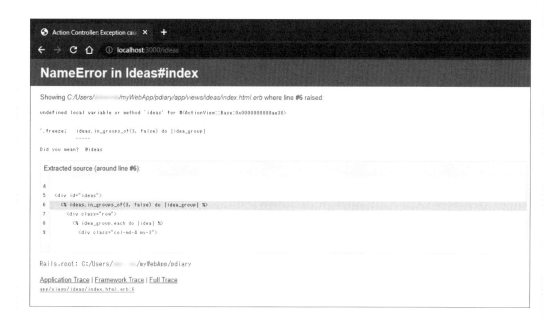

この画面は、開発環境でWebサーバーを起動している場合に、エラーが発生したときに表示されるものです。今回は、一覧画面でのエラーの例を示しています。これは、本来ならば変数として「@ideas」を使わなければいけないところを、うっかり「ideas」と書いてしまったことにより

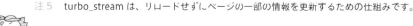

発生したものです。

　こういった画面が表示されると、「ドキッ」としたり、「えー…どうしよう…」と思ったりするかもしれません。しかし実はこの画面、とてもありがたいものなのです。それは、この画面が「どこでどのようなエラーが発生しているか」を表示していて、どこを直せばよいかのヒントを教えてくれるからです。ひとつずつ見ていきましょう。

　まず、エラー画面の最初の行は、エラーが発生している行を教えてくれています。

▼ Windows の場合

```
Showing C:/Users/アカウント名/myWebApp/pdiary/app/views/ideas/index.html.erb where ↵
line #6 raised:
```

▼ macOS の場合

```
Showing /Users/ユーザー名/myWebApp/pdiary/app/views/ideas/index.html.erb where line ↵
#6 raised:
```

　これを見ると、app/views/ideas/index.html.erb の6行目でエラーが発生していることがわかります。

　続けて見ていきましょう。次の行は、発生しているエラーの内容の詳細が表示されています。

```
undefined local variable or method `ideas' for #<ActionView::Base:0x0000000000ae38>
```

　これは「ideasという名前のメソッドまたはローカル変数が、定義されていない」ということが書いてあります。さらに、次の部分に注目です。

```
Did you mean?  @ideas
```

　実はこの行は、「この書き方が正しいのでは？」と、修正の候補を出してくれています。エラーは今回のように単純なものだけではないので、修正候補が出ない場合もあります。しかし、単純な間違いは教えてくれるので、とても助かる情報なのです。このように表示されている情報をもとに、「どこが間違っているか、どこを直せばいいか」を推測しながらエラーを修正していきます。

　また、ターミナルに表示されているWebサーバーの情報でも、この画面と同じような情報が表示されています。もしターミナルの情報を見逃してしまった場合は、Webサーバーのログ情報としてファイルが出力されています。このファイルにはWebサーバーの動作状態とエラーのときの情報が含まれています。開発環境でのログの出力場所は、logs/development.log です。エラー画

面と比べると、表示される内容や順番が少し異なりますが、以下のようにファイルに出力されています。

```
Completed 500 Internal Server Error in 1001ms (ActiveRecord: 0.0ms | Allocations: 21422)



ActionView::Template::Error (undefined local variable or method `ideas' for ↵
#<ActionView::Base:0x0000000000ae38>

'.freeze;    ideas.in_groups_of(3, false) do |idea_group|
             ^^^^^
Did you mean?  @ideas):
    3: <h1>Ideas</h1>
    4:
    5: <div id="ideas">
    6:    <% ideas.in_groups_of(3, false) do |idea_group| %>
    7:      <div class="row">
    8:        <% idea_group.each do |idea| %>
    9:          <div class="col-md-4 my-3">

app/views/ideas/index.html.erb:6
```

　開発中にエラーが発生することはよくあることです。エラーが表示されたとしても、こうやって画面やWebサーバーが教えてくれる情報をヒントにしながら修正すれば大丈夫です。ぜひエラー画面を有効に活用していってくださいね。

ユーザー情報を使えるようにしよう

　ログイン機能を追加するには、そのWebアプリケーションにログインできるユーザー情報をデータベースに保存しておく必要があります。このユーザー情報は、Userという名前のモデル名を利用することが多いので、本書でもUserを使っていきます。モデル名は単数形、テーブル名は複数形にするのがRailsの規約なので、テーブル名はusersテーブルになります。

　deviseのログイン機能とユーザー情報のモデル（Userモデル）の紐付けを行います。ターミナルで次のコマンドを実行します。

▼ Windows の場合

```
ruby bin/rails generate devise User # deviseで利用するユーザー情報に関するファイルを作成
```

▼ macOS の場合

```
bin/rails generate devise User # deviseで利用するユーザー情報に関するファイルを作成
```

すると、次のようなメッセージがターミナルに表示されます。

```
invoke   active_record
create     db/migrate/20221106122855_devise_create_users.rb
create     app/models/user.rb
invoke    test_unit
create       test/models/user_test.rb
create       test/fixtures/users.yml
insert     app/models/user.rb
 route    devise_for :users
```

先ほどのコマンドでは、次のファイルの作成と、定義を追加しています。

- ユーザー情報をデータベースで管理するための users テーブル定義ファイル
- ユーザー情報のモデル（User モデル）のクラスファイル
- テストをするときに必要なひな形ファイル[注6]
- devise のログイン機能に必要なルーティング定義

ひとつひとつ確認してみましょう。

ユーザー情報をデータベースで管理するための users テーブル定義ファイルの反映

　db/migrate/20221106122855_devise_create_users.rb は、ユーザー情報をデータベースで管理するための users テーブルを作成する定義ファイルです（ファイル名のうち「20221106122855」の部分は rails generate コマンドを実行した年月日時分秒でつけられるため、コマンドを実行したタイミングによって値が異なります）。3-2 にある「scaffold で日記投稿画面を作ろう」では、scaffold コマンド実行時に、次のようにテーブルに保存するカラム名とデータ型を指定して実行しました。

注6　本書ではテストについての記述は行いません。

▼ Windows の場合

```
ruby bin/rails generate scaffold 名前 カラム名:データ型 カラム名:データ型 ...
```

▼ macOS の場合

```
bin/rails generate scaffold 名前 カラム名:データ型 カラム名:データ型 ...
```

　しかし、今回実行したコマンドでは、users テーブルのカラム名やデータ型は指定していません。これは、devise でユーザー情報を管理するために必要な情報を自動で作成するようになっているためです。

　devise で自動作成される users テーブルの定義は、次のようなカラム名とデータ型になっています。

項目	カラム名	データ型
メールアドレス	email	string
暗号化されたパスワード	encrypted_password	string
パスワードリセット時のトークン[注7]	reset_password_token	string
パスワードリセットメールの送信日時	reset_password_sent_at	datetime
ログイン状態作成日時[注8]	remember_created_at	datetime

　では、作成された定義ファイルをデータベースへ反映させましょう。ターミナルで次のコマンドを実行します。

▼ Windows の場合

```
ruby bin/rails db:migrate
```

▼ macOS の場合

```
bin/rails db:migrate
```

　次のようなメッセージがターミナルに表示されます。

注7　devise でのパスワードのリセットは、パスワードリセット用の URL をユーザーにメールで送り、URL にアクセスするとパスワードリセット画面が表示される仕組みになっています。パスワードリセット用の URL に何度もアクセスしてパスワードを変更できないように、「トークン」と呼ばれる識別子（多くの情報から特定するための文字や数字の情報）を URL に埋め込むようになっていて、そのトークンを保存します。

注8　ログインしてから一定時間、ログイン状態を保存しておく機能があります。そのためのログイン状態の作成日時を保存します。

```
== 20221106122855 DeviseCreateUsers: migrating ================================
-- create_table(:users)
   -> 0.0016s
-- add_index(:users, :email, {:unique=>true})
   -> 0.0006s
-- add_index(:users, :reset_password_token, {:unique=>true})
   -> 0.0005s
== 20221106122855 DeviseCreateUsers: migrated (0.0029s) =======================
```

create_table(:users)とメッセージが表示され、ユーザー情報を管理するテーブルusersが作成されました。

ユーザー情報のモデル（Userモデル）のクラスファイルの確認

app/models/user.rbは、usersテーブルにアクセスするためのUserモデルのファイルです。app/models/user.rbをエディターで開いて、どのような内容になっているか確認してみましょう。

```
class User < ApplicationRecord
  # Include default devise modules. Others available are:
  # :confirmable, :lockable, :timeoutable, :trackable and :omniauthable
  devise :database_authenticatable, :registerable,
         :recoverable, :rememberable, :validatable
end
```

deviseから始まる次のプログラムは、Userモデルでdeviseの機能を使うための定義です。

```
  devise :database_authenticatable, :registerable,
         :recoverable, :rememberable, :validatable
```

deviseではモジュール[注9]単位で機能が定義してあるため、モジュールの定義を追加することで、簡単に使用できます。

デフォルトの定義で追加されるのは、次の機能です。

注9　モジュールについての説明は、2-2にある「Rubyの特徴」に記載しています。

定義名	モジュール名	主な機能
database_authenticatable	Database Authenticatable	ログイン機能
registerable	Registerable	ユーザー登録（サインアップ）機能
recoverable	Recoverable	パスワードのリセット機能
rememberable	Rememberable	ログイン状態を保存する機能
validatable	Validatable	ユーザーのメールアドレスやパスワードの形式チェックなど

　また、今回定義されていませんが、次の機能も利用できます（利用時には、usersテーブルにカラムを追加する必要があります）。

定義名	モジュール名	主な機能
confirmable	Confirmable	ユーザー登録後に確認メールを送信し、メールの確認が済んでいるかを確認する機能
lockable	Lockable	ログインが指定回数失敗すると、アカウントをロックする機能
timeoutable	Timeoutable	ログイン後、画面を操作しなかった場合、一定時間でログアウトする機能
trackable	Trackable	ログイン回数、最終ログイン日時、ログインIPなどを自動保存する機能
omniauthable	Omniauthable	OmniAuth[注10]を使ったログイン機能のサポート

　使ってみたい機能がある場合、「devise」（https://github.com/heartcombo/devise/）のREADME.md[注11]を参考にして、モジュールの定義を追加してみてください。

deviseのログイン機能に必要なルーティング定義の確認

　config/routes.rbをエディターで開くと、次の定義が追加されていることが確認できます。

```
Rails.application.routes.draw do
  devise_for :users
          └ 追加された定義です。

    （中略）

end
```

注10　Twitter・Facebookなどの他のサービスを使ってのログインする仕組みのことを、OmniAuthといいます。

注11　README.mdには、「README（私を読んで）」のファイル名のとおり、インストール方法・使い方・ライセンス情報などが記載されています。

この1行で、devise機能で利用するパス（URLのパス）とコントローラ・アクションの紐づけ（ルーティング）を設定しています。

次のルーティングが追加されます[注12]。

HTTPリクエストメソッド	パス	コントローラー#アクション	コントローラー#アクションの役割
GET	/users/sign_in(.:format)	devise/sessions#new	ログイン画面を表示する
POST	/users/sign_in(.:format)	devise/sessions#create	ログインする
DELETE	/users/sign_out(.:format)	devise/sessions#destroy	ログアウトする
GET	/users/password/new(.:format)	devise/passwords#new	パスワードリセット画面を表示する
GET	/users/password/edit(.:format)	devise/passwords#edit	パスワード変更画面を表示する
PATCH	/users/password(.:format)	devise/passwords#update	パスワードを更新する
PUT	/users/password(.:format)	devise/passwords#update	パスワードを更新する
POST	/users/password(.:format)	devise/passwords#create	パスワードを作成する
GET	/users/cancel(.:format)	devise/registrations#cancel	パスワードをリセットする
GET	/users/sign_up(.:format)	devise/registrations#new	ユーザー登録画面を表示する
GET	/users/edit(.:format)	devise/registrations#edit	ユーザー編集画面を表示する
PATCH	/users(.:format)	devise/registrations#update	ユーザー情報を更新する
PUT	/users(.:format)	devise/registrations#update	ユーザー情報を更新する
DELETE	/users(.:format)	devise/registrations#destroy	ユーザー情報を削除する
POST	/users(.:format)	devise/registrations#create	ユーザー情報を作成する

これでdeviseの準備は完了です。これから、実際に画面を確認しながらログイン機能を作っていきましょう。

注12　Webサーバーを起動した状態で、http://localhost:3000/rails/info/routes/ にアクセスすると、config/routes.rb で定義しているルーティングの定義を確認することができます。

ログイン機能を完成させよう

　前節では、deviseのインストール・セットアップ、ユーザー情報を管理するテーブルの作成、devise とユーザー情報の紐付けを行いました。ここから、deviseで自動生成された画面を確認しながら、ログイン機能を完成させていきましょう。

ログイン画面を確認しよう

　Webサーバーを起動していない場合は、ターミナルで次のコマンドを実行してWebサーバーを起動します。

▼ Windows の場合

```
cd %HOMEPATH%/myWebApp/pdiary  # pdiaryのRailsルートディレクトリに移動
ruby bin/rails server # Webサーバーを起動
```

▼ macOS の場合

```
cd ~/myWebApp/pdiary  # pdiaryのRailsルートディレクトリに移動
bin/rails server # Webサーバーを起動
```

　Webサーバーが起動したら、ログイン画面 (http://localhost:3000/users/sign_in/) にアクセスしてみましょう。次のようなログイン画面が表示されます。

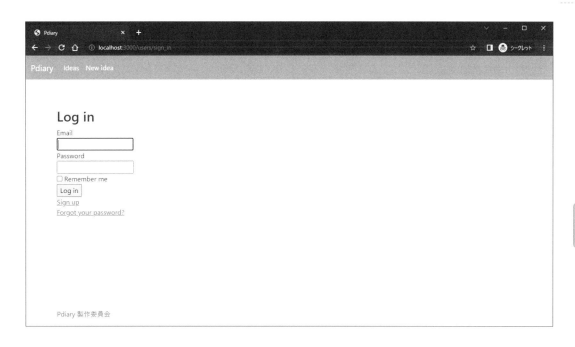

これはdeviseが用意してくれているログイン画面で、次の項目が表示されています。

- メールアドレス入力欄（Email）
- パスワード入力欄（Password）
- ログイン状態を保持するチェックボックス（Remember me）
- ログインボタン（Log in）
- ユーザー登録（サインアップ）画面へのリンク（Sign up）
- パスワード変更画面へのリンク（Forgot your password?）

　さっそくログインできるか試してみましょう。メールアドレス入力欄には自分のメールアドレスを、パスワード入力欄には適当な文字（たとえば「abcdef」など）を入力し、「Log in」ボタンをクリックしてみましょう。

　ログイン画面の表示のまま変わりません。なぜなら、ユーザー情報が登録されていないため、入力されたメールアドレス・パスワードに一致するユーザー情報が見つからないからです。

ユーザー情報を登録して、ログインしてみよう

　それではユーザー情報を登録して、ログインの確認をしていきましょう。ログイン画面の「Sign up」リンクをクリックするか、http://localhost:3000/users/sign_up/ にアクセスしてみましょう。次の

ようなユーザー登録画面が表示されます。

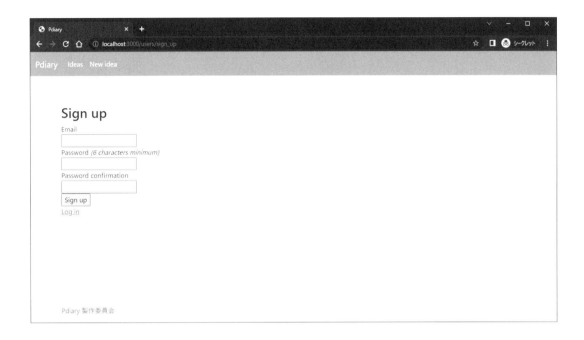

このユーザー登録画面も devise が用意してくれている画面です。次の項目が表示されています。

- メールアドレス入力欄 (Email)
- パスワード入力欄 (Password)
- パスワード確認用入力欄 (Password confirmation)
- ユーザー登録ボタン (Sign up)
- ログイン画面へのリンク (Log in)

メールアドレス・パスワードに入力する値については、次の点に注意してください。

項目	説明
メールアドレス	新規に登録するユーザーのメールアドレスを入力します。このメールアドレスは、既に登録されている他のユーザー情報のメールアドレスと重複しないメールアドレスでなければいけません。ログイン画面で入力するメールアドレスになります。
パスワード	パスワードを6文字以上で入力します。ログイン画面で入力するパスワードになります。
パスワード確認用	パスワードに入力した文字と同じ文字を確認のために入力します。

では、ユーザー登録をしていきましょう。メールアドレス入力欄には「好きな英数字@example.com」[注13]と入力します（たとえば、「user1@example.com」）。パスワード入力欄・パスワード確認用入力欄に英数字でパスワードを自分で考えて入力したら、「Sign up」ボタンをクリックします。次のようにpdiaryの一覧画面に「Welcome! You have signed up successfully.」というフラッシュメッセージが表示されたら、ユーザー登録に成功し、あわせてpdiaryにログイン済みの状態になっています。

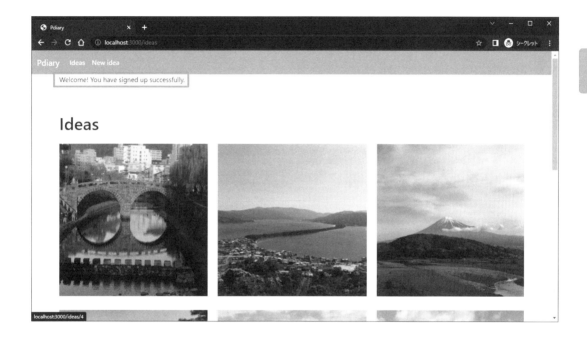

　ユーザー登録してログインした直後は、画面上部にフラッシュメッセージが表示されています。しかし、他の画面に移動すると消えてしまうので、このままではログインしているのかどうかが、わからなくなってしまいます。次はログインしているときには、ログインしているユーザー情報を表示するようにしていきましょう。

注13　example.com は、例として使用することができるドメインです。サンプルでメールアドレスや URL を例示したい場合や、今回のように試しに利用する場合などに利用できます。

ログイン情報を表示しよう

devise が持っているログイン済みユーザー情報を知ろう

「5-1.gemを使ってログイン機能を追加しよう」でdeviseのインストール・セットアップ、deviseとユーザー情報の紐付けを行っただけで、ユーザー登録・ログイン機能は簡単に完成しました。これはdeviseがさまざまな機能を提供してくれているためです。

deviseは、ログイン済みユーザー情報も簡単に取得できます。current_userというメソッドを呼び出すと、ログイン済みユーザー情報を返します。未ログインの場合には、nil[注14]を返します。current_userで取得したユーザー情報は、次の項目を持っています。

- メールアドレス
- 暗号化されたパスワード
- パスワードリセット時のトークン
- パスワードリセットメールの送信日時
- ログイン状態作成日時

ログイン済みユーザーが誰かわかるように、メールアドレスをpdiaryに表示させましょう。ログイン済みユーザーのメールアドレスは次のように取得することができます。

┌ emailで、ログイン済みユーザーのメールアドレスを取得できます。

```
current_user.email
```
└ ログイン済みユーザー情報を返すdeviseのメソッドです。

ログイン済みユーザー情報を表示しよう

ログイン済みユーザー情報の取得方法がわかったので、3-4にある「ナビゲーションバーとフッターを作成しよう」で追加したナビゲーションバーにログイン済みユーザーのメールアドレスを表示するようにしていきましょう。app/views/layouts/application.html.erbをエディターで開いて、次のように変更して保存します。

```
<!DOCTYPE html>
<html class="h-100">
  <head>
```

注14 nilは、Rubyで「値がない」ことを意味します。

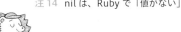

```
        （中略）
    </head>

    <body class="d-flex flex-column h-100">
      <nav class="navbar navbar-fixed-top navbar-expand-lg navbar-dark bg-info">
        <div class="container-fluid">
          <a class="navbar-brand" href="/">Pdiary</a>
          <button class="navbar-toggler" type="button" data-bs-toggle="collapse" data-bs-↵
target="#navbarSupportedContent" aria-controls="navbarSupportedContent" aria-expanded=↵
"false" aria-label="Toggle navigation">
            <span class="navbar-toggler-icon"></span>
          </button>
          <div class="collapse navbar-collapse" id="navbarSupportedContent">
          <ul class="navbar-nav me-auto mb-2 mb-lg-0">
            <li class="nav-item">
              <a class="nav-link active" aria-current="page" href="/ideas">Ideas</a>
            </li>
            <li class="nav-item">
              <%= link_to "New idea", new_idea_path, class: "nav-link active" %>
            </li>
          </ul>

          <!-- ここから追加（ログイン済みユーザー情報を表示） -->
          <ul class="nav">
            <li class="nav-item">
              <% if current_user.present? %>
                <%= current_user.email %>
              <% end %>
            </li>
          </ul>
          <!-- ここまで追加（ログイン済みユーザー情報を表示） -->
        </div>
      </div>
    </nav>

        （後略）
```

追加した一部分だけ抜き出してみましょう。

```
<% if current_user.present? %>
```
current_userにログイン済みユーザー情報が設定されている場合、
true・真を返します。

```
<%= current_user.email %>
```
└ ログイン済みユーザーのメールアドレスを表示します。

```
<% end %>
```

　current_userは、未ログインの場合には、nilを返すと先ほど説明しました。ユーザー情報の項目にはemail（メールアドレス）の情報がありますが、nilは、何も持っていないため、エラーになってしまいます。そこで、current_userが値を返す（nilではない）場合のみ、current_user.emailを呼び出す必要があります。

　ここでは、ifという条件分岐を使って、current_user.emailを呼び出すかどうかを判定しています。ifの後ろの書いてある式（条件）がtrue・真を返す場合に、if〜end内に書いた処理が実行されます。条件分岐については、7章でも説明していますので、確認してみてください。

　では、表示を確認してみましょう。ブラウザでhttp://localhost:3000/ideas/にアクセスすると、ログイン済みユーザーのメールアドレスがナビゲーションバーの右側に表示されるようになりました。

　これでpdiaryのログイン機能が完成しました。

5-3 ログアウト機能を 完成させよう

　ここまでで、pdiaryのログイン機能が完成しました。しかし、まだログアウトの機能がないため、このままでは一度ログインすると、ずっとログイン済みの状態になってしまいます。そこで、ここではログアウト機能を完成させて、自由にログイン・ログアウトができるようにしていきましょう。

ログアウトリンクを作成しよう

　ログアウトの仕組みそのものは、deviseが用意してくれているため、その仕組みを画面から呼び出すだけで、ログアウト機能は完成します。今回はナビゲーションバーにログアウト用のリンクを追加して、画面からログアウトができるようにしてみましょう。

　app/views/layouts/application.html.erbをエディターで開いて、ナビゲーションバーの部分を次のように変更して保存します。

```
<!DOCTYPE html>
<html class="h-100">

(中略)

  <body class="d-flex flex-column h-100">
    <nav class="navbar navbar-fixed-top navbar-expand-lg navbar-dark bg-info">
      <div class="container-fluid">
        <a class="navbar-brand" href="/">Pdiary</a>
        <button class="navbar-toggler" type="button" data-bs-toggle="collapse" data-bs-↵
target="#navbarSupportedContent" aria-controls="navbarSupportedContent" aria-expanded=↵
"false" aria-label="Toggle navigation">
          <span class="navbar-toggler-icon"></span>
        </button>
        <div class="collapse navbar-collapse" id="navbarSupportedContent">
          <ul class="navbar-nav me-auto mb-2 mb-lg-0">
            <li class="nav-item">
              <a class="nav-link active" aria-current="page" href="/ideas">Ideas</a>
            </li>
            <li class="nav-item">
              <%= link_to "New idea", new_idea_path, class: "nav-link active" %>
```

```
                </li>
              </ul>

              <ul class="nav">
                <li class="nav-item">
                  <% if current_user.present? %>
                    <%= current_user.email %>
                  <% end %>
                </li>
              </ul>
              <!-- ここから追加（ログアウトリンク） -->
              <span class="navbar-text pull-right">
                <%= button_to "Logout", destroy_user_session_path, method: :delete, data: ↵
{ turbo: false }, class: "btn btn-link" %>
              </span>
              <!-- ここまで追加（ログアウトリンク） -->
            </div>
          </div>
        </nav>
```

（後略）

これで、ログアウト用のリンクが追加されました。

ログアウトしてみよう

　5-3にある「ログアウトリンクを作成しよう」の変更が終わったら、さっそくログアウトを試してみましょう。Webサーバーを起動していない場合は、ターミナルで次のコマンドを実行してWebサーバーを起動します。

▼ Windows の場合

```
cd %HOMEPATH%/myWebApp/pdiary  # pdiaryのRailsルートディレクトリに移動
ruby bin/rails server # Webサーバーを起動
```

▼ macOS の場合

```
cd ~/myWebApp/pdiary  # pdiaryのRailsルートディレクトリに移動
bin/rails server # Webサーバーを起動
```

　Webサーバーが起動したら、ブラウザで`http://localhost:3000/users/sign_in/`にアクセスします。すでにログイン済みの場合は、一覧画面にリダイレクトします（「You are already signed in.」のフラッシュメッセージも表示されます）。未ログインの場合は、5-2にある「ユーザー情報を登録して、ログインしてみよう」で登録したユーザー情報を使って、ログインします。ログインしたら、ナビゲーションバーの右側に「Logout」リンクが表示されていることを確認してみましょう。

　表示されているのが確認できたら、表示されている「Logout」リンクをクリックします。次の画面のように、「Signed out successfully.」とフラッシュメッセージが表示されていれば、ログアウト機能は完成です。

　これで、ログイン機能に続いてログアウト機能も完成しました。ただし、まだログイン済みユーザー・未ログインユーザーのどちらでも、日記の投稿ができたり編集ができたりする状態です。そこでこれから、ログイン済みユーザーだけが日記の投稿・編集を行えるように変更していきましょう。

5-4 ログイン済みユーザーだけが日記を投稿・編集できるようにしよう

ここまでで、ログイン・ログアウト機能が使えるようになりました。しかし、ログイン済みユーザーかどうかのチェックは、まだどの画面でも行っていません。そのため、ログイン済みユーザー・未ログインユーザーのどちらでも、同じことができる状態のままです（たとえば、ログイン済みユーザー・未ログインユーザーどちらでも投稿画面で投稿ができる、といった状態です）。そこでログイン済みユーザーだけが、日記の投稿・編集を行えるように変更していきましょう。

投稿画面を設定しよう

まずは投稿画面を、ログイン済みユーザーだけがアクセスできるように設定してみましょう。app/controllers/ideas_controller.rbをエディターで開きます。1行目のclass IdeasController < ApplicationControllerのすぐ下に、次の1行を追加します。

```
class IdeasController < ApplicationController
  before_action :authenticate_user!, only: :new
                            └ この行を追加します。
  before_action :set_idea, only: %i[ show edit update destroy ]
```

（後略）

追加した1行は、「投稿画面を表示する処理の前に、authenticate_user!メソッドを呼び出す」という定義になります。具体的には、before_action :authenticate_user!は、「IdeasController（コントローラー）に定義されたアクション（メソッド）[注15]を呼び出す前にauthenticate_user!を実行する」となります。そして、only: :newは、「IdeasController（コントローラー）に定義されたnewメソッドを呼び出す場合に」という条件になります。

なおauthenticate_user!は、ログイン済みかどうかを確認して、ログイン済みのときは何もせず、未ログインのときはログイン画面を表示するdeviseのメソッドです。これで、投稿画面にアクセスしようとしたときに、ログイン済みの場合は投稿画面が表示され、未ログインの場合はログイン画面が

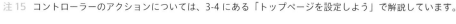

注15　コントローラーのアクションについては、3-4にある「トップページを設定しよう」で解説しています。

表示されるようになります。

　実際に試してみましょう。Web サーバーを起動していない場合は、ターミナルで次のコマンドを実行して Web サーバーを起動します。

▼ Windows の場合

```
cd %HOMEPATH%/myWebApp/pdiary  # pdiaryのRailsルートディレクトリに移動
ruby bin/rails server # Webサーバーを起動
```

▼ macOS の場合

```
cd ~/myWebApp/pdiary  # pdiaryのRailsルートディレクトリに移動
bin/rails server # Webサーバーを起動
```

5

　Web サーバーを起動したら、http://localhost:3000/ にアクセスします。そして、ログイン済みの状態から未ログインの状態にする（ログアウト）ため、ナビゲーションバーの右側にある「Logout」リンクをクリックします。そのあと、「New idea」リンクをクリックします。次のようにログイン画面が表示されたら成功です。

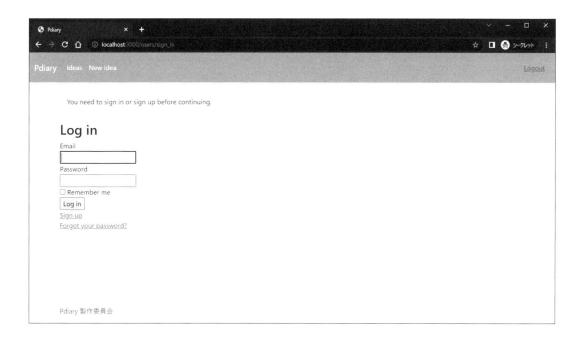

　次に、ログイン済みの状態も確認してみます。http://localhost:3000/users/sign_in/ にアクセスして、5-2 にある「ユーザー情報を登録して、ログインしてみよう」でユーザー登録したときの情報でログインします。ログインできたら、「New idea」リンクをクリックします。次のように投稿画面が表

示されたら成功です。

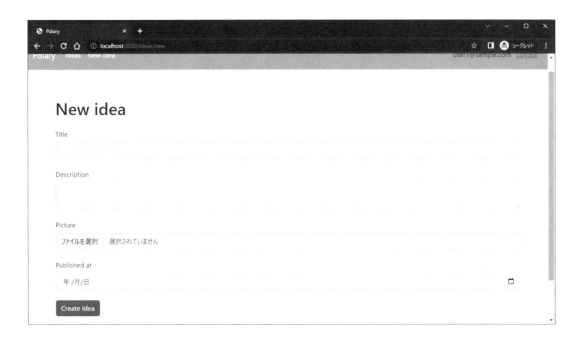

 編集画面を設定しよう

　先ほど投稿画面を変更して、ログイン済みユーザーだけが日記を投稿できる状態になりました。しかし、まだ編集画面の設定はできていません。試しに未ログインの状態で、一覧画面で表示されている画像をクリックして参照画面を表示します。参照画面にある「Edit this idea」ボタンをクリックすると、編集画面を表示して内容を編集できます。ログイン済みの状態で同じ操作をしても、同じ結果になります。

　そこで、先ほどと同じように編集画面もログイン済みユーザーだけが利用できるように、あわせて日記の削除もログイン済みユーザーだけができるようにしてみましょう。app/controllers/ideas_controller.rbをエディターで開きます。5-4にある「投稿画面を設定しよう」で追加した行を少し変更して保存します。

```
class IdeasController < ApplicationController
  before_action :authenticate_user!, only: [:new, :edit, :destroy]
                                     └ この部分を変更します。
  before_action :set_idea, only: %i[ show edit update destroy ]
```

（後略）

　先ほどの「コントローラーのnewメソッドを呼び出す場合に」という条件に、編集画面を表示するeditメソッド、削除処理を行うdestroyメソッドも条件に追加しました。なお、only: [:new, :edit, :destroy]は、only: %i[new edit destroy]と書くこともできます[注16]。これで編集画面にアクセスしようとしたときも投稿画面のときと同じように、ログイン済みユーザーだけがアクセスできるようになり、削除機能もログイン済みユーザーだけが利用できるようになります。

　実際に試してみましょう。まずは編集画面からです。http://localhost:3000/にアクセスします。そして先ほどと同じように、未ログインの状態にするため、ナビゲーションバーの右側にある「Logout」リンクをクリックします。そのあと、一覧画面で表示されている画像をクリックして参照画面を表示します。参照画面にある「Edit this idea」ボタンをクリックして次のようにログイン画面が表示されたら成功です。

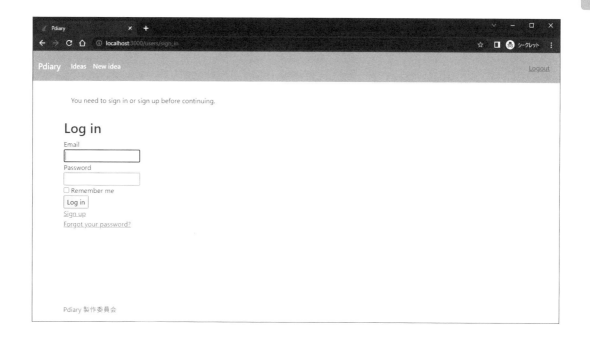

　ログイン済みの状態も確認してみます。http://localhost:3000/users/sign_in/にアクセスして、5-2にある「ユーザー情報を登録して、ログインしてみよう」でユーザー登録したときの情報でログインします。ログインできたら、一覧画面で表示されている画像をクリックして参照画面を表示します。参照画面にある「Edit this idea」ボタンをクリックして次のように編集画面が表示されたら成功です。

注16　%i[]は、シンボルの配列を作る書き方です。今回変更した行の1行下では、%i[]を用いた書き方を利用しています。なお、シンボルは「見た目は文字列に見えるが、内部の扱いは整数となるオブジェクト」で、文字列（String）とは異なるものです。シンボルについての詳細は「Ruby リファレンスマニュアル Ruby 3.1 版 Symbol クラス」（https://docs.ruby-lang.org/ja/3.1/class/Symbol.html）を参照してください。

188

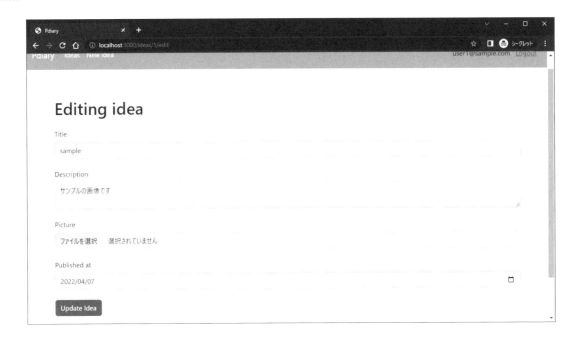

ナビゲーションバーを設定しよう

　ナビゲーションバーの右側には、ログイン済みのときだけメールアドレスが表示されるので、ログイン済みかどうかはわかるようになっています。しかし、ログインするためには、ナビゲーションバーにある「New idea」リンクをクリックしてログイン画面を表示する必要があります。これでは、はじめてpdiaryを使う人は、どのようにログインすればいいかがわかりません。

　そこで、ナビゲーションバーの一番右側にある「Logout」リンクを変更します。ログイン済みのときは「Logout」リンクを、未ログインのときは「Login」リンクが表示されるようにして、簡単にログイン・ログアウトができるように変更してみましょう。app/views/layouts/application.html.erbをエディターで開いて、次のように変更して保存します。

```
<!DOCTYPE html>
<html class="h-100">

（中略）

  <body class="d-flex flex-column h-100">
    <nav class="navbar navbar-fixed-top navbar-expand-lg navbar-dark bg-info">
      <div class="container-fluid">
        <a class="navbar-brand" href="/">Pdiary</a>
```

```
        <button class="navbar-toggler" type="button" data-bs-toggle="collapse" data-bs-↵
target="#navbarSupportedContent" aria-controls="navbarSupportedContent" aria-expanded=↵
"false" aria-label="Toggle navigation">
          <span class="navbar-toggler-icon"></span>
        </button>
        <div class="collapse navbar-collapse" id="navbarSupportedContent">
          <ul class="navbar-nav me-auto mb-2 mb-lg-0">
            <li class="nav-item">
              <a class="nav-link active" aria-current="page" href="/ideas">Ideas</a>
            </li>
            <li class="nav-item">
              <%= link_to "New idea", new_idea_path, class: "nav-link active" %>
            </li>
          </ul>

          <ul class="nav">
            <li class="nav-item">
              <% if current_user.present? %>
                <%= current_user.email %>
              <% end %>
            </li>
          </ul>
          <span class="navbar-text pull-right">
            <% if user_signed_in? %>
```

└ user_signd_in?メソッドを利用してログイン済みかどうかを確認します。

```
              <%= button_to "Logout", destroy_user_session_path, method: :delete, data: ↵
{ turbo: false }, class: "btn btn-link" %>
            <% else %>
```

└ ifの後ろの条件がfalse・偽の場合（今回は未ログインの場合）に、
elseのあとに書かれた処理を実行します。

```
              <%= link_to "Login", new_user_session_path, class: "btn btn-link" %>
```

└ 「Login」リンクを表示します。

```
            <% end %>
```

└ if～else文はここまでです。

```
          </span>
        </div>
      </div>
    </nav>
```

（後略）

　user_signed_in?は、ログイン済みかどうかを確認するメソッドで、ログイン済みのときはtrue・真を、未ログインのときはfalse・偽を返します。5-2にある「ログイン情報を表示しよう」でも利用した条件分岐を利用して、ログイン済みのときは「Logout」リンクを、未ログインのときは「Login」リンクが表示されるように変更します。

　変更して保存ができたら、ナビゲーションバーの表示を確認してみましょう。ブラウザで、http://localhost:3000/にアクセスします。未ログインのときは、ナビゲーションバーの右側に、「Login」リンクだけが表示されていれば成功です。

　ログイン済みのときは、ナビゲーションバーの右側に、メールアドレスと「Logout」リンクが表示されていれば成功です。

　合わせて実際に「Login」リンク・「Logout」リンクもクリックして、ログイン・ログアウトができることも確かめましょう。

ログインしていないときの参照画面を設定しよう

　今はログイン済みかどうかにかかわらず、参照画面では「Edit this idea」ボタン、「Destroy this idea」ボタンが表示されたままです。これを、ログイン済みのときはボタンを表示して、未ログインのときはボタンを表示しないように変更してみましょう。app/views/ideas/show.html.erbをエディターで開いて、次のように変更して保存します。

```erb
<%= render @idea %>

<% if user_signed_in? %>
```
　　　ログイン済みかどうかを確認します（ログイン済みのときは
　　　次の<div>〜</div>までの情報を表示します）。
```erb
  <div class="btn-toolbar">
    <%= link_to "Edit this idea", edit_idea_path(@idea) , class:"btn btn-info"%>

    <%= button_to "Destroy this idea", @idea, method: :delete , class: "btn btn-danger ↵
ms-3" %>
  </div>
<% end %>
```
　　　if文はここまでです。

　変更して保存ができたら、参照画面のボタンの表示を確認してみましょう。ブラウザで、http://localhost:3000/にアクセスします。もしログイン済みのときには、未ログインの状態にするため、ナビゲーションバーの右側にある「Logout」リンクをクリックします。そのあと、一覧画面で表示されている画像をクリックして、参照画面を表示します。「Edit this idea」ボタン、「Destroy this idea」ボタンが表示されていなければ成功です。

　ログイン済みの状態も確認してみます。http://localhost:3000/users/sign_in/にアクセスして、5-2にある「ユーザー情報を登録して、ログインしてみよう」でユーザー登録したときの情報でログインします。そのあと、一覧画面で表示されている画像をクリックして、参照画面を表示します。次の画面のように「Edit this idea」ボタン、「Destroy this idea」ボタンが表示されていれば成功です。

　これでログイン済みユーザーだけが日記の投稿・編集ができるようになり、未ログインユーザーは日記を見ることだけができるようになりました。pdiaryが完成するまであと一息です。最後にデザインをもう少し変更していきましょう。

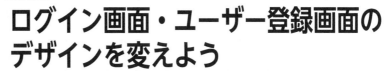

5-5

ログイン画面・ユーザー登録画面のデザインを変えよう

ここまでで、pdiaryとしての機能は完成しました。最後にログイン画面やユーザー登録画面のデザインをpdiaryの投稿画面と同じように変更して、pdiaryを完成させましょう。

ログイン画面・ユーザー登録画面を変更できるようにしよう

まずは今の時点で、どのようなログイン画面やユーザー登録画面のデザインになっているかを確認してみましょう。Webサーバーを起動していない場合は、ターミナルで次のコマンドを実行してWebサーバーを起動します。

▼ Windows の場合

```
cd %HOMEPATH%/myWebApp/pdiary  # pdiaryのRailsルートディレクトリに移動
ruby bin/rails server # Webサーバーを起動
```

▼ macOS の場合

```
cd ~/myWebApp/pdiary  # pdiaryのRailsルートディレクトリに移動
bin/rails server # Webサーバーを起動
```

Webサーバーが起動したら、ログイン画面を確認するために、http://localhost:3000/users/sign_in/にアクセスします。もし、一覧画面が表示された場合は、「Logout」リンクをクリックして一度ログアウトしてから、もう一度http://localhost:3000/users/sign_in/にアクセスします。

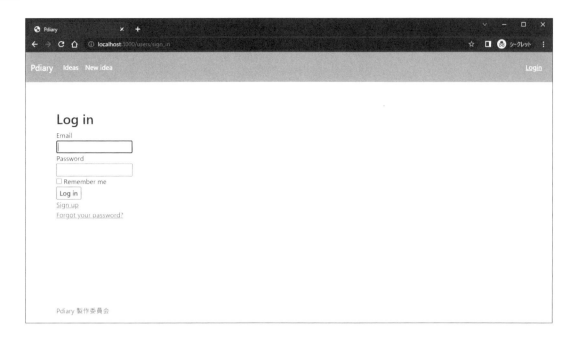

　ナビゲーションバーやフッターは、pdiaryの投稿画面と同じものが表示されています。しかし、メールアドレスやパスワードを入力する欄やボタンは、pdiaryの投稿画面で用いているBootstrapが利用されていません。そのため、入力欄は直線的な四角で幅や間隔が狭く、ボタンも小さめの灰色のままです（3-4にある「各画面の見た目をきれいにしよう」で変更する前の投稿画面が、この画面と同じ状態です）。

　続いてユーザー登録画面も確認してみましょう。http://localhost:3000/users/sign_up/にアクセスします。

こちらもログイン画面と同じ状態ですね。どちらの画面もpdiaryの投稿画面のようにするため、少し変更が必要なようです。

さっそくログイン画面とユーザー登録画面のデザインを変更していきましょう。デザインを変更するためには、まずdeviseのコマンドで、ログイン画面とユーザー登録画面のview用のファイル（html.erbファイル）を作成する必要があります。というのも、deviseの標準機能でログイン画面とユーザー登録画面を表示しているため、app/viewsの中にそれらのファイルがないためです。

それでは、deviseのコマンドを利用して、ログイン画面とユーザー登録画面のview用のファイル（html.erbファイル）を作成してみましょう。ターミナルでWebサーバーが動作している場合は、Ctrl + Cを同時に押してWebサーバーを停止します。停止したら、Webサーバーを停止したターミナルで、次のコマンドを実行します。

▼ Windows の場合

```
ruby bin/rails generate devise:views -v registrations sessions
```

▼ macOS の場合

```
bin/rails generate devise:views -v registrations sessions
```

すると、次のようなメッセージがターミナルに表示されます。

```
invoke   Devise::Generators::SharedViewsGenerator
create    app/views/devise/shared
create    app/views/devise/shared/_error_messages.html.erb
create    app/views/devise/shared/_links.html.erb
invoke   form_for
create    app/views/devise/registrations
create    app/views/devise/registrations/edit.html.erb
create    app/views/devise/registrations/new.html.erb
create    app/views/devise/sessions
create    app/views/devise/sessions/new.html.erb
invoke   erb
```

これは、「必要なファイルを作成した」というメッセージになります。具体的には、次のようなファイルが作成されています。

ディレクトリ	作成されたファイル	ファイルの内容
app/views/devise/shared	_error_messages.html.erb	エラーメッセージの部分テンプレート
app/views/devise/shared	_links.html.erb	各種リンクの部分テンプレート[注17]
app/views/devise/registrations	new.html.erb	ユーザー登録画面
app/views/devise/registrations	edit.html.erb	ユーザー編集画面[注18]
app/views/devise/sessions	new.html.erb	ログイン画面

これでデザインの変更に必要なファイルが作成できました。念のため、ターミナルでWebサーバーを起動してから、http://localhost:3000/users/sign_in/ や http://localhost:3000/users/sign_up/ にアクセスして、先ほど確認したログイン画面・ユーザー登録画面と同じようになっていることを確認してみてください。

これから、作成されたファイルを変更して、ログイン画面・ユーザー登録画面のデザインを変更していきましょう。

 ## ログイン画面を投稿画面と同じデザインにしよう

それではログイン画面のデザインを変更していきましょう。3-4にある「各画面の見た目をきれいにしよう」で、投稿画面のデザインをBootstrapを用いて変更しました。今回も同じように、HTMLの要

注17　ユーザー登録画面やログイン画面で表示する「Log in」「Sign up」「Forgot your password?」などのリンクが作成されています。

注18　登録されたユーザー情報を変更する画面です。pdiaryでは利用しません。

素に属性を追加・変更して、デザインを変えていきます[注19]。

　また、今のままではdeviseの警告メッセージ（ユーザーに、注意を促したり、エラーを知らせたりするメッセージ）が画面に表示されないという問題[注20]があります。こちらも画面に表示されるようにあわせて変更してみましょう。app/views/devise/sessions/new.html.erbをエディターで開いて、次のように変更して保存します。

```
<h2>Log in</h2>

<%= form_for(resource, as: resource_name, url: session_path(resource_name), ↵
data: { turbo: false } ) do |f| %>
```
└ 警告メッセージが表示されるようにするために追記します（dataの前にカンマが必要です）。

```
  <div class="my-4">
```
└ 属性値を変更してBootstrapを利用します。

```
    <%= f.label :email, class: "form-label" %><br />
```
└ 属性を追加してBootstrapを利用します
（classの前にカンマが必要です）。

```
    <%= f.email_field :email, autofocus: true, autocomplete: "email", ↵
class: "form-control" %>
```
└ 属性を追加してBootstrapを利用します（classの前にカンマが必要です）。

```
  </div>

  <div class="my-4">
```
└ 属性値を変更してBootstrapを利用します。

```
    <%= f.label :password, class: "form-label" %><br />
```
└ 属性を追加してBootstrapを利用します
（classの前にカンマが必要です）。

```
    <%= f.password_field :password, autocomplete: "current-password", ↵
class: "form-control" %>
```
└ 属性を追加してBootstrapを利用します（classの前にカンマが必要です）。

```
  </div>
```

注19　HTMLの要素や属性については、4-1にある「HTML」で解説しています。

注20　deviseは、Rails 7.0のサポートは追加されていますが、Turbo（JavaScriptを利用せずにWebアプリケーションで画面の動作や振る舞いを設定するフレームワーク）が完全にサポートされていないことによるものです。

```
<% if devise_mapping.rememberable? %>
  <div class="my-4">
```
└ 属性値を変更してBootstrapを利用します。

```
    <%= f.check_box :remember_me, class: "form-check-input" %>
```
└ 属性を追加してBootstrapを利用します
（classの前にカンマが必要です）。

```
    <%= f.label :remember_me, class: "form-check-label" %>
```
└ 属性を追加してBootstrapを利用します
（classの前にカンマが必要です）。

```
  </div>
<% end %>

<div class="my-4">
```
└ 属性値を変更してBootstrapを利用します。

```
  <%= f.submit "Log in", class: "btn btn-primary" %>
```
└ 属性を追加してBootstrapを利用します
（classの前にカンマが必要です）。

```
</div>
<% end %>
```

　具体的には、div要素やテキストボックス、ボタンに、属性名がclassで、属性値がそれぞれBootstrap
で指定されている属性を追加しています。あわせて、最後の行にある部分テンプレートの呼び出し部
分の<%= render "devise/shared/links" %>は、今回のpdiaryでは利用しないため、削除しています。
変更して保存できたら、Webサーバーを起動してない人は、次のコマンドを実行してWebサーバーを
起動します。

▼ Windows の場合

```
ruby bin/rails server
```

▼ macOS の場合

```
bin/rails server
```

　Webサーバーが起動したら、もう一度http://localhost:3000/users/sign_in/にアクセスします。
pdiaryの投稿画面と同じような入力欄のデザイン、ボタンのデザインになっていることがわかります。
また、ボタンの下にあったリンクも表示されなくなっています。

ユーザー登録画面を投稿画面と同じデザインにしよう

先ほどログイン画面を変更しましたが、ユーザー登録画面も同じように変更してみましょう。app/views/devise/registrations/new.html.erbをエディターで開いて、次のようにプログラムを変更して保存します。

```
<h2>Sign up</h2>

<%= form_for(resource, as: resource_name, url: registration_path(resource_name), ⏎
data: { turbo: false }) do |f| %>
```
　　　　　　└ 警告メッセージが表示されるようにするために追記します（dataの前にカンマが必要です）。

```
<%= render "devise/shared/error_messages", resource: resource %>

  <div class="my-4">
```
　　　　　　　└ 属性値を変更してBootstrapを利用します。
```
<%= f.label :email, class: "form-label" %><br />
```
　　　　　　　　└ 属性を追加してBootstrapを利用します
　　　　　　　　　（classの前にカンマが必要です）。

200

```erb
    <%= f.email_field :email, autofocus: true, autocomplete: "email", ↵
class: "form-control" %>
```
          └─ 属性を追加してBootstrapを利用します（classの前にカンマが必要です）。
```erb
  </div>

  <div class="my-4">
```
              └─ 属性値を変更してBootstrapを利用します。
```erb
    <%= f.label :password, class: "form-label" %>
```
                      └─ 属性を追加してBootstrapを利用します
                        （classの前にカンマが必要です）。
```erb
    <% if @minimum_password_length %>
    <em>(<%= @minimum_password_length %> characters minimum)</em>
    <% end %><br />
    <%= f.password_field :password, autocomplete: "new-password", class: "form-control" %>
```
      属性を追加してBootstrapを利用します（classの前にカンマが必要です）。
```erb
  </div>

  <div class="my-4">
```
              └─ 属性値を変更してBootstrapを利用します。
```erb
    <%= f.label :password_confirmation, class: "form-label" %><br />
```
                          └─ 属性を追加してBootstrapを利用します
                            （classの前にカンマが必要です）。
```erb
    <%= f.password_field :password_confirmation, autocomplete: "new-password", ↵
class: "form-control" %>
```
          └─ 属性を追加してBootstrapを利用します（classの前にカンマが必要です）。
```erb
  </div>

  <div class="my-4">
```
              └─ 属性値を変更してBootstrapを利用します。
```erb
    <%= f.submit "Sign up", class: "btn btn-primary" %>
```
                        └─ 属性を追加してBootstrapを利用します
                          （classの前にカンマが必要です）。
```erb
  </div>
<% end %>
```

　こちらもログイン画面と同じように、属性名がclassで、属性値がそれぞれBootstrapで指定されている属性を追加します。あわせて、最後の行にある部分テンプレートの呼び出し部分 `<%= render "devise/shared/links" %>` も削除しています。

　変更して保存したら、もう一度http://localhost:3000/users/sign_up/にアクセスします。こちらもpdiaryの投稿画面と同じような入力欄のデザイン、ボタンのデザインになっていることがわかります。また、ボタンの下にあったリンクも表示されなくなっています。

フラッシュメッセージの表示デザインを変えよう

　これでログイン画面・ユーザー登録画面のデザインはpdiaryの投稿画面と同じデザインになりました。最後に、メッセージの表示デザインも変えていきましょう。フラッシュメッセージから変更します。まず、今のメッセージがどのように表示されているか確認してみましょう。

　http://localhost:3000/にアクセスします。もし、ログイン済み（ナビゲーションバーの右側にメールアドレスが表示されている）の場合は、「Logout」リンクをクリックします。

　まずは、警告メッセージ（ユーザーにエラーを知らせるメッセージ）のデザインを確認します。ナビゲーションバーにある「New idea」リンクをクリックします。ログイン画面に、「You need to sign in or sign up before continuing.」[注21] のメッセージが黒色の文字で表示されています。

注21　「続ける前に、ログインかユーザー登録が必要です」という意味の警告メッセージです。

次は通知メッセージ（ユーザーに、警告ではない通知を知らせるメッセージ）のデザインを確認します。http://localhost:3000/users/sign_in/にアクセスして、5-2にある「ユーザー情報を登録して、ログインしてみよう」で、登録したメールアドレスとパスワードでログインします。一覧画面に、「Signed in successfully.」[22]のメッセージが黒色の文字で表示されています。

今はどちらのメッセージも文字色は黒色ですが、Bootstrapを利用して、警告メッセージは赤色に、通知メッセージは緑色に変更していきましょう。app/views/layouts/application.html.erbをエディターで開いて、次のように変更して保存します。

```
<!DOCTYPE html>
<html class="h-100">
  <head>
    （中略）
  </head>

  <body class="d-flex flex-column h-100">
    <nav class="navbar navbar-fixed-top navbar-expand-lg navbar-dark bg-info">
      （中略）
    </nav>

    <div class="container">
      <p class="text-success"><%= notice %></p>
```
            └ 属性値をBootstrapで設定されている値に変更します（文字色を緑色にします）。
```
      <p class="text-danger"><%= alert %></p>
```
            └ 属性値をBootstrapで設定されている値に変更します（文字色を赤色にします）。
```
      <%= yield %>
    </div>

    （後略）
```

変更して保存できたら実際に確認してみましょう。Webサーバーが起動していることを確認して、http://localhost:3000/にアクセスします。もし、ログイン済みの場合は、「Logout」リンクをクリックします。

まずは、警告メッセージのデザインを確認してみましょう。ナビゲーションバーにある「New idea」リンクをクリックします。ログイン画面に「You need to sign in or sign up before continuing.」のメッセージが赤色の文字で表示されていれば成功です。

注22 「ログインに成功しました」という意味の通知メッセージです。

続いて通知メッセージのデザインを確認します。http://localhost:3000/users/sign_in/にアクセスして、5-2にある「ユーザー情報を登録して、ログインしてみよう」で、登録したメールアドレスとパスワードでログインします。投稿画面に「Signed in successfully.」のメッセージが緑色の文字で表示されていれば成功です。

入力エラーメッセージの表示デザインを変えよう

5-5にある「フラッシュメッセージの表示デザインを変えよう」で、フラッシュメッセージの表示デザインを変更しました。入力エラーメッセージ（テキストボックスに入力した値が想定されたものではない場合の警告メッセージ）の表示も同じように変更していきましょう。

まずは、今のエラーメッセージの表示を確認してみましょう。http://localhost:3000/にアクセスします。もし、ログイン済み（ナビゲーションバーの右側にメールアドレスが表示されている）の場合は、「Logout」リンクをクリックして、ログアウトします。

ログアウトできたら、http://localhost:3000/users/sign_up/にアクセスします。ユーザー登録画面が表示されたら、5-2にある「ユーザー情報を登録して、ログインしてみよう」で登録したメールアドレスだけを、メールアドレス入力欄に入力して「Sign up」ボタンをクリックします。その結果、次の画面のような入力エラーメッセージが表示されます。今は黒色の文字で表示されていますね。

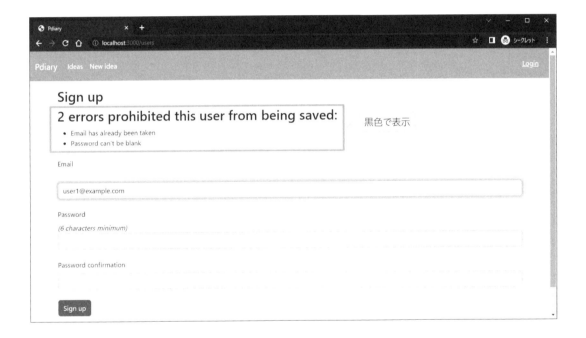

入力エラーメッセージの表示は、app/views/devise/shared/_error_messages.html.erbを利用しているので、このファイルを変更します。文字色を赤色に変更して、エラーの見出しを少し小さくしてみましょう。app/views/devise/shared/_error_messages.html.erbをエディターで開いて、次のように変更して保存します。

```
<% if resource.errors.any? %>
  <div id="error_explanation" class="text-danger">
```

属性を追加します。このときの属性値はBootstrapで
設定されている値です（文字色を赤色にします）。

```
    <h5>
```

HTMLの要素をh2からh5に変更し、画面タイトルより小さい見出しサイズに変更します。

```
    <%= I18n.t("errors.messages.not_saved",
            count: resource.errors.count,
            resource: resource.class.model_name.human.downcase)
    %>
    </h5>
```

HTMLの要素をh2からh5に変更しています。

```
    <ul>
      <% resource.errors.full_messages.each do |message| %>
        <li><%= message %></li>
      <% end %>
    </ul>
  </div>
<% end %>
```

変更して保存できたら、確認してみましょう。http://localhost:3000/にアクセスします。もし、ログイン済み（ナビゲーションバーの右側にメールアドレスが表示されている）の場合は、「Logout」リンクをクリックして、ログアウトします。

ログアウトできたら、http://localhost:3000/users/sign_up/にアクセスします。ユーザー登録画面が表示されたら、5-2にある「ユーザー情報を登録して、ログインしてみよう」で登録したメールアドレスだけを、メールアドレス入力欄に入力して「Sign up」ボタンをクリックします。その結果、次の画面のような入力エラーメッセージが表示されます。このエラーメッセージが赤色で表示されていれば成功です。

これでpdiaryのログイン画面・ユーザー登録画面のデザインは完成です。そして、Webアプリケーションの「pdiary」もついに完成しました！

Chapter **6**

バージョン管理システムを使ってみよう

ここまで作ってきた「pdiary」は、自分のコンピューター上で動作していて、今は自分のコンピューターだけで見ることができます。でも、せっかく作ったWebアプリケーションです。自分のコンピューター以外でも動作できるようになったり、身近な人（友人や家族など）に、スマートフォンやタブレットなどの機器で見てもらえるようにできたりするといいですね。

こういった、他のコンピューターで同じプログラムを動作させる場合や、インターネット上でWebアプリケーションを動作させる場合に、プログラムを管理する仕組みを利用することがとても多いです。本章はプログラムを管理するための仕組みや使い方について学習していきましょう。

6-1 プログラムを管理する仕組み

　ここからは、pdiaryを実際に管理するために、まずはプログラムを管理するときの仕組みや流れを学習していきましょう。

バージョン管理システム

　ファイルを更新するときに「更新前の状態を残しておきたい」場合、次のようにファイル名に日付や番号などをつけて管理したことはあるでしょうか。

- ideas_20220601.txt
- ideas_20220701.txt
- ideas_20220701_01.txt
- ideas_20210701_02.txt
- ideas_最新.txt
- ideas.txt

　この方法は手軽ですが、少しでも名前付けのルールが曖昧になると、どのファイルが最新の状態のファイルなのかわからなくなる問題があります。先ほど挙げたファイル名でも、ファイル名に日付がついているもの、日付と番号がついているもの、「最新」とついているもの、何もついていないものといろいろなものがあり、どのファイルが最新なのかがわかりにくくなっています。また、ある時点でのファイルを保存しているだけなので、どのような変更をしたかは、ファイルを見比べてみないとわかりません。間違えて本当はそのままにしておく必要があったファイルを上書きしてしまう可能性もあります。

　こんなときに、ファイル名に日付や番号をつけて管理する代わりに、「いつ」「誰が」「どのファイルに」「どのような変更をしたか」を管理してくれるものが使えると便利です。「いつ」「誰が」「どのファイルに」「どのような変更をしたか」といった変更履歴を記録して管理するシステムのことをバージョン管理システムといいます。バージョン管理システムを利用すると、次のようなことが簡単にできます。

- どのような変更をファイルにしたのかを確認する
- 更新したファイルの変更を取り消す
- 間違えて削除してしまったファイルを元に戻す

　バージョン管理システムは、ひとりでアプリケーションを作るときだけではなく、システム開発の現場など、1つのアプリケーションを複数人で開発するときにもよく利用されています。

　また、バージョン管理システムには、いろいろな種類があります注1。本書では、RubyやRails以外にも多くのプロジェクトでプログラムを管理するときに多く利用されている、Git（https://git-scm.com/）について学習していきましょう。

注1　今回学習するGit以外にも、Mercurial・Subversion・CVSなどといったものがあります。

Git

　Gitはバージョン管理システムの一種で、分散型と呼ばれる種類のものです。バージョン管理は、リポジトリと呼ばれる、バージョン管理対象のディレクトリ・ファイル・ファイル変更履歴の情報など、バージョン管理に必要な情報が置かれているディレクトリを利用して行います。分散型のバージョン管理システムの特徴は、このリポジトリを、自分のコンピューターやサーバー[注2]といった、さまざまな場所に置くことができるところにあります。

　リポジトリは、置かれる場所によって呼び方が変わります。自分のコンピューター上にあるリポジトリのことをローカルリポジトリ、自分のコンピューター以外のどこか（たとえばインターネットのサーバー上）にあるリポジトリのことをリモートリポジトリと呼びます。ローカルリポジトリは普段の作業をGitで管理するために、リモートリポジトリはローカルリポジトリのバックアップや、変更内容を他の人と共有するためなどに利用します。また、リモートリポジトリは複数持つこともできます。

　ローカルリポジトリとリモートリポジトリの関係は次の図のように表すことができます。

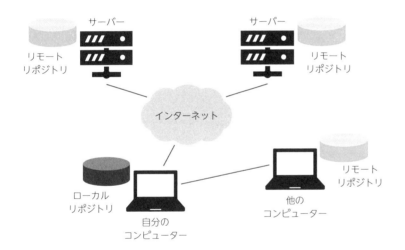

　本書では、ローカルリポジトリとリモートリポジトリの両方を利用します。今回、リモートリポジトリは、Gitのホスティングサービス[注3]である、GitHub（https://github.com/）を利用します。

注2　サーバーとは、他のコンピューターからの要求に応じて、何かしらの機能を提供するコンピューターのことです。2章で学んだWebサーバーもWebの機能を提供するサーバーの一種です。インターネット上にあったり、会社の中にあるコンピューターだったりと、さまざまな場所にあります。

注3　インターネット上で、Gitのリポジトリを保存してくれるサービスのことを、Gitのホスティングサービスといいます。GitHub以外にも、「GitLab」（https://about.gitlab.com/）・「BitBucket」（https://bitbucket.org/）などがあります。

Gitでのバージョン管理の流れ

Gitでどのようにバージョン管理するのかを見ていきましょう。

まず、最初にGitのコマンドである git init を利用してGitリポジトリ（ローカルリポジトリ）を作成します。このとき、「.git」という名前のディレクトリ[注4]がGitによって自動的に作成されます。このディレクトリがGitリポジトリの本体になります。実際に「6-2. Gitを使ってみよう」でGitを操作するので、そのときにGitコマンドや、.gitディレクトリについては確認します。Gitリポジトリが置いてある場所は、ワーキングディレクトリと呼びます。

Gitリポジトリが作成できたら、バージョン管理ができるようになります。バージョン管理するために、次のような流れでGitに変更履歴を残します。

- **作成したファイルを、Gitで管理するとき**
  1. バージョン管理したいファイルを、ワーキングディレクトリに保存します
  2. ワーキングディレクトリに保存したファイルをGitの管理対象として設定します（ステージング）
  3. Gitの管理対象とした情報を確定します（コミット）

- **すでにGit管理対象となっているファイルを変更するとき**
  1. ワーキングディレクトリにあるファイルを変更し、保存します
  2. Gitにファイル内容を変更したことを設定します（ステージング）
  3. ファイルの変更内容を確定します（コミット）

Gitリポジトリの中のイメージは次の図のようになります。

6

注4　ファイル名の先頭にドット（.）がついています。WindowsやmacOSではファイル名の先頭にドットがつくディレクトリ・ファイルは隠しディレクトリ・隠しファイルとなり、標準の設定ではエクスプローラーやFinderから見えなくなります。

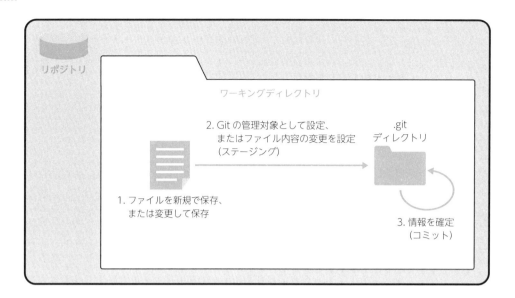

　Git 管理対象として新たなファイルを追加したり、すでに管理対象となっているファイルの変更を設定したりすることをステージングといいます。このときはまだ「次の変更情報はこのようなものです」という情報が特定のファイル（ステージングエリア[注5]といいます）に記録されているだけで、Gitに変更履歴はまだありません。

　ステージングした情報を確定して、Gitに変更履歴を登録することをコミットといいます。ここまでやってはじめて、Gitリポジトリに実際のファイルの変更内容や「このファイルは新規追加されました」「このファイルはこのような変更をしました」といった変更履歴が登録されます。

　このような流れでGitは変更履歴を残します。この変更履歴があることで、バージョン管理が可能となります。ここからは、実際のファイルを利用して、Gitでのバージョン管理の流れの理解を深めていきましょう。

注5　インデックスとも呼びます。

6-2 Gitを使ってみよう

ここまで、バージョン管理システムとGitについて学びました。これから、実際のファイルを利用しながらGitの使い方を確認してみましょう。

Gitの設定をしよう

Gitを利用する前に、Gitの変更履歴に残す「ユーザー」を識別するための情報を登録しておきましょう。ユーザーを識別するために必要なのは、ユーザー名とメールアドレスです。

まずはユーザー名です。ターミナル（Windowsの場合はコマンドプロンプト）で次のコマンドを実行します[注6]。[ユーザー名]の部分は、自分の好きなユーザー名を設定します。このとき、アルファベット、または数字を使ってください。この後、GitHubを利用する際にもう一度設定し直すので、ここでは好きな名前をつけてください。

```
git config --global user.name [ユーザー名]
```

次にメールアドレスの設定です。ターミナルで次のコマンドを実行します。[メールアドレス]の部分は、自分のメールアドレスを設定します。こちらも、GitHubを利用する際にもう一度設定し直します。

```
git config --global user.email [メールアドレス]
```

設定した内容は、git configコマンドで確認できます。次のコマンドを実行すると、Gitで設定している内容がすべて表示されます。

```
git config --list
```

注6　git configコマンドを実行するとき、cdコマンドを実行する必要はありません。ターミナルでどのディレクトリにいても、git configコマンドで設定した内容は、決まったファイルに保存されるようになっています（Windowsの場合は%HOMEPATH%¥.gitconfig、macOSの場合は ~/.gitconfig に保存されます）。

　次のように、現在Gitに設定されている情報がターミナルに表示されます（表示される内容は、環境によって異なります）。もし、表示が途中で止まっている（ターミナルの一番下でコロン（:）が表示されている）場合は、Space キーを押すと続きの情報が表示され、q キーを押すと表示を中断してコマンド入力ができる状態に戻ります。また、Space キーを押して情報が最後まで表示された場合は、今まで:が表示されていた場所に、(END) と表示されます。この場合もq キーを押すことでコマンド入力ができる状態に戻ります。

```
credential.helper=osxkeychain
user.name=sample
user.email=sample@example.com
init.defaultbranch=main
```

　表示された情報の中に、先ほどGitコマンドで設定したユーザー名とメールアドレスが、次のように表示されていれば設定できています。具体的には次の情報です。

▼ ユーザー名

user.name=設定したユーザー名

▼ メールアドレス

user.email=設定したメールアドレス

Gitのリポジトリを作ってみよう

　それでは、実際にGitリポジトリを作成して確認していきましょう。まずは、Git用のワーキングディレクトリを作成し、そのディレクトリに移動します。今回は次のディレクトリを利用します。

OS	ワーキングディレクトリ
Windows	C:¥Users¥アカウント名¥first_git
macOS	/Users/ユーザー名/first_git

　ターミナルで次のコマンドを実行します。

▼ Windows の場合

```
cd %HOMEPATH%    # ホームディレクトリに移動
mkdir first_git  # ワーキングディレクトリを作成
cd %HOMEPATH%/first_git  # ワーキングディレクトリに移動
```

▼ macOS の場合

```
mkdir ~/first_git  # ワーキングディレクトリを作成
cd   ~/first_git  # ワーキングディレクトリに移動
```

ワーキングディレクトリに移動できたら、次のコマンドを実行して、Gitリポジトリを作成します。

```
git init
```

この git init コマンドで、Gitリポジトリの本体である、.gitディレクトリが作成されます。.gitディレクトリができているかどうかは、ターミナルで次のコマンドを実行して確認します。

▼ Windows の場合

```
dir /a  # ディレクトリ内にあるディレクトリとファイルの一覧を表示
```

▼ macOS の場合

```
ls -a  # ディレクトリ内にあるディレクトリとファイルの一覧を表示
```

表示結果に.gitディレクトリがあれば、Gitリポジトリが作成されています。

 # Gitでファイルを管理しよう

Gitリポジトリを作成して、これでファイルをバージョン管理する準備はできました。

ファイルを新規に追加する

さっそく試しにファイルを1つ作成して、Gitで管理してみましょう。この場合にやることは、6-1にある「Gitでのバージョン管理の流れ」でも説明していますが、次のようになります。

1. バージョン管理したいファイルを、ワーキングディレクトリに保存します
2. ワーキングディレクトリに保存したファイルをGitの管理対象として設定します（ステージング）
3. Gitの管理対象とした情報を確定します（コミット）

これを順を追って作業していきましょう。まず、「README.txt」という名前のファイルを新たに作成して、ワーキングディレクトリに保存します。エディターで、次の1文が書かれているファイルを作成して、ワーキングディレクトリに「README.txt」という名前で保存します。

Hello!

　VS Codeを利用する場合は、メニューから「File」→「New Window」で新しいVS Codeの画面を開くと、文字入力画面も同時に開くので、そこに「Hello!」を記述します（「Untitled-1」という名前で表示されています。もし表示されていない場合はメニューから「File」→「New Text File」を選択してください）。記述が終わったら Ctrl + S （Windowsの場合）または command + S （macOSの場合）を同時に押すと、ファイル保存画面が表示されるので、ワーキングディレクトリを指定して「README.txt」という名前で、ファイルを保存します。

　ファイルを保存したら、念のため、ターミナルで次のコマンドを実行して、ワーキングディレクトリに「README.txt」があることを確認しておきましょう。表示結果の中に「README.txt」があれば、正しく保存されています。

▼ Windows の場合

```
cd %HOMEPATH%/first_git  # ワーキングディレクトリに移動
dir /a  # ディレクトリ内にあるディレクトリとファイルの一覧を表示
```

▼ macOS の場合

```
cd ~/first_git  # ワーキングディレクトリに移動
ls -a  # ディレクトリ内にあるディレクトリとファイルの一覧を表示
```

　次は、このファイルをステージングします。ステージングするにはgit addコマンドを利用します。ターミナルで次のコマンドを実行します。

```
git add README.txt
        └ ステージング対象のファイル名
```

　git addの後ろにはステージング対象のファイル名を記述します。ステージング対象のファイルがたくさんあって、ファイル名を指定するのが大変な場合は、git add .とすると、ワーキングディレトリ内にあるファイルがすべてステージング対象として指定できます。git addコマンドを実行してもターミナルに情報は表示されませんが、これで「README.txt」がステージングされ、Gitの管理対象となりました。

　続けて、この情報をコミットしてみましょう。コミットするにはgit commitコマンドを利用します。ターミナルで次のコマンドを実行します。

```
git commit -m "Add README.txt"
                   └─ コミットメッセージ
```

-mオプションに続いて記述されている文は、コミットメッセージと呼ばれるものです。コミットメッセージは、変更履歴に「何を行ったか」を表す文を簡潔に記載するのが一般的です。

次のように、Gitへコミットした結果がターミナルに表示されます。

```
[main (root-commit) 50c4091] Add README.txt
 1 file changed, 1 insertion(+)
 create mode 100644 README.txt
```

これでファイルの変更履歴がGitに登録されました。実際にどのような履歴が登録されているかは、git logコマンドを利用して確認できます。ターミナルで、次のコマンドを実行します。

```
git log
```

次のように、変更履歴がターミナルに表示されます[注7]。

```
commit 50c4091ae7f9770bd6ea0943c2344af4a3207dde (HEAD -> main)
Author: sample <sample@example.com>
Date:   Mon Sep 4 08:15:10 2022 +0900

    Add README.txt
```

表示されている内容はそれぞれ次のとおりです。先ほどgit commitコマンドを実行したときに指定したコミットメッセージも表示されていますね。

```
commit 50c4091ae7f9770bd6ea0943c2344af4a3207dde (HEAD -> main)
                   └─ コミットID
Author: sample <sample@example.com>

              └─ コミットした人のユーザー名とメールアドレス
```

注7 　もし表示が途中で止まっている（ターミナルの一番下でコロン（:）が表示されている）場合は、git config --local コマンドの場合と同じく、[Space]キーを押して続きの情報を表示するか、[q]キーを押して情報の表示を中断します。

```
Date:    Mon Sep 4 08:15:10 2022 +0900
                          └─ コミットした日時
      Add README.txt
              └─ コミットメッセージ
```

これでREADME.txtは、Gitで管理されるようになりました。

ファイルを変更した結果を Git で管理する

ここから、README.txtを変更していきましょう。Git管理対象になっているファイルを変更するときは次のような流れになります。

1. ワーキングディレクトリにあるファイルを変更します
2. Gitにファイル内容を変更したことを設定します（ステージング）
3. ファイルの変更内容を確定します（コミット）

ファイルをGitで管理する場合と同様、ステージングして、コミットする必要があります。それでは、先ほど作成した「README.txt」をエディターで開いて、次のように変更して保存してみましょう。

```
Hello!
How are you?
```

この状態でもう一度、ステージングとコミットを実施します。ターミナルで次のコマンドを実行します。

```
git add README.txt
git commit -m "Add second line"
```

無事にコミットまでできたでしょうか？ git logコマンドで確認してみましょう。ターミナルで次のコマンドを実行します。

```
git log
```

そうすると次のように、過去のコミット履歴がターミナルに表示されます。

```
commit c916165b26b9c6041f737dde4227afe59b786622 (HEAD -> main)
Author: sample <sample@example.com>
Date:   Mon Sep 4 09:24:41 2022 +0900

    Add second line

commit 50c4091ae7f9770bd6ea0943c2344af4a3207dde
Author: sample <sample@example.com>
Date:   Mon Sep 4 08:15:10 2022 +0900

    Add README.txt
```

　git logコマンドは、リポジトリ内でのコミット情報を新しい順に表示します。最初に、今回の変更履歴が表示されていますね。これでファイルの変更内容も変更履歴に保存されました。

　Gitでファイルを管理するときは、「ステージングして、コミットする」という繰り返しで変更履歴を残します。

Gitでファイルの更新内容を見てみよう

　git logコマンドで、コミットの情報（いつ・誰が・どういう変更をしたか）は見ることができますが、コミット時のファイルの内容は表示されていません。更新前と更新後のファイルの中身を比較するときはgit diffコマンドを利用します。

　このときに、比較対象として指定するのは、コミットIDです。しかし、git logで表示されているコミットIDはかなり長いため、短縮されているコミットIDを利用します。短縮されているコミットIDを確認するために、ターミナルで次のコマンドを実行します。

```
git log --oneline
```

　こうすると次のように、短縮されたコミットIDと、コミット時のメッセージが一覧で表示されます。

```
c916165 (HEAD -> main) Add second line

50c4091 Add README.txt
```
└ コミットメッセージ

└ 短縮されたコミットID

この短縮されたコミットIDを利用して、次のコマンドを実行します（コミットIDは、あなたのターミナルに表示されたものに置き換えて実行してください）。

```
git diff 50c4091..c916165
```
└ 比較したいファイルのコミットID

└ 比較元のファイルのコミットID

次のように表示されます。

```
diff --git a/README.txt b/README.txt
index 6fc5c62..4eb7332 100644
--- a/README.txt
+++ b/README.txt
@@ -1 +1,2 @@
-Hello!
\ No newline at end of file
+Hello!
+How are you?
\ No newline at end of file
```

＋となっている行は、新たに追加された行になります。削除された行は-で表示されます。このようにGitで管理していると、「どのようにファイルを変更したか」がすぐわかるようになっています。

GitHubを使ってみよう

今までは自分のコンピューター上のローカルリポジトリでGitを利用していましたが、ここからはGitのホスティングサービスのひとつであるGitHubを利用して、リモートリポジトリを利用してみましょう。リモートリポジトリを利用することで、作ったプログラムのバックアップを取ることができたり、他のコンピューターへ作ったプログラムを簡単にコピーして、pdiaryを動かしたりすることもできるようになります。

6

GitHubのユーザーを登録しよう

これから、GitHubを利用するために、GitHubのユーザーを登録します。https://github.com/join/にアクセスします。次の画面のような、ユーザー登録画面が表示されます。

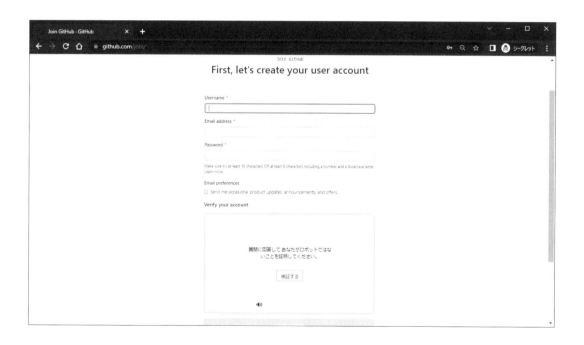

この画面での入力項目は次のとおりです。

入力項目	説明
Username	GitHubで利用したいユーザー名を入力します。ユーザー名は、アルファベット・数字・ハイフンを使用してください。
Email address	GitHubで利用するメールアドレスを入力します。
Password	GitHubにログインするときのパスワードを設定します。パスワードは数字と英小文字を含めた8文字以上の文字列を設定する必要があります。
Verify your account	ロボットではないことを示すための質問が準備されていますので質問に回答します。

すべて入力が完了すると、「Create account」ボタンがクリックできるようになります。

「Create account」ボタンをクリックしたら、次の画面が表示されます。

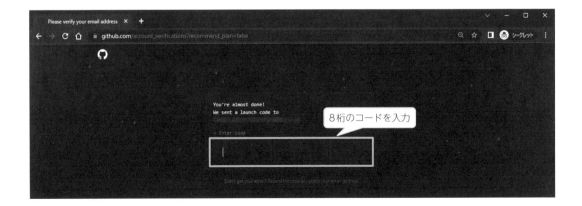

　ユーザー登録画面で入力したメールアドレス宛に、GitHubより8桁のコードが送信されています。メールを確認し、メールに記載されている8桁のコードを「Enter code」の下の入力欄に1文字ずつ入力します。

　コードを入力すると、次の画面のようなアンケート画面が表示されます。アンケートは回答してもいいですし、入力せずに進めたい場合には、画面の下部にある「skip personalization」リンクをクリックすると次に進みます。

　少し待つと、次のような画面[注8]が表示されます。この画面が表示されたら、GitHubのユーザー登録が完了し、サインイン（ログイン）している状態になっています。

注8　画面の表示は異なる場合があります。

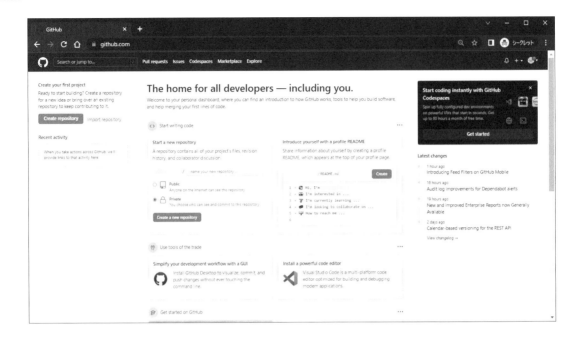

　念のため、https://github.com/[GitHubのユーザー名]/にもアクセスできるかどうかを確認してみましょう。なお、[GitHubのユーザー名]は、先ほど登録したGitHubのユーザー名を入力します。たとえば、GitHubのユーザー名が「home-rails」ならば、https://github.com/home-rails/ となります。

以降、GitHubにアクセスする場合は、すでにサインインしていることを前提とします。

 # GitHubを利用するための設定をしよう

6-2にある「Gitの設定をしよう」でGitを利用するために、`git config`コマンドを利用して、ユーザー名とメールアドレスを設定しました。これからGitHubをリモートリポジトリとして利用するにあたり、GitHubの設定に合わせるため、再度設定をします。

ユーザー名の設定

まずはユーザー名です。ターミナルで次のコマンドを実行します。[GitHubのユーザー名]は、先ほどGitHubであなたが作成したGitHubのユーザー名に置き換えて実行してください。

```
git config --global user.name [GitHubのユーザー名]
```

メールアドレスの設定

次にメールアドレスを設定します。ここで設定するメールアドレスは、`git log`コマンドで表示されるメールアドレスに表示されるようになります。そこで今回は、GitHubのユーザー作成時に登録したメールアドレスではなく、GitHubで用意されているnoreplyメールアドレス[注9]を利用します。

GitHubのnoreplyメールアドレスは次のように取得できます。ブラウザで、https://github.com/settings/emails/にアクセスします。このページの中にある「Keep my email addresses private」チェックボックス（次の画面の囲まれた部分）にチェックが入っていることを確認します。もし入っていなければチェックを入れましょう。

注9　noreplyメールアドレスは「返信不可」の意味をもつメールアドレスのことです。よく企業からのダイレクトメールにも「noreply＠企業ドメイン名」といった形で設定されています。GitHubの場合は、`git log`コマンドで表示されるコミット時のメールアドレスとして利用でき、本来のメールアドレスを隠すことができます。これによって、迷惑メールなどから本来のメールアドレスが守られます。

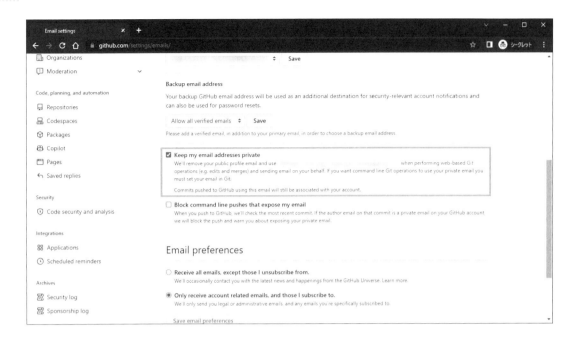

このチェックボックスの説明欄に「[noreply用のメールアカウント]@users.noreply.github.com」[注10]と記載しているところがあります。このメールアドレスがnoreply用のメールアドレスになります。

このメールアドレスを設定します。ターミナルで次のコマンドを実行します。[noreply用のメールアカウント]は、説明欄に記載されている、あなたのnoreply用のメールアドレスに置き換えて実行してください。

```
git config --global user.email [noreply用のメールアカウント]@users.noreply.github.com
```

ターミナルから GitHub を利用するための設定

自分のコンピューター上にあるローカルリポジトリと、GitHub上のリモートリポジトリで変更履歴などの情報をやり取りするために、ターミナルからGitHubを利用できるようにします。

ターミナルからGitHubを利用するために、GitHubのユーザー情報の紐付けを次のどちらかで設定します。

- アクセストークンの設定 (https接続)
- SSH[注11]の設定 (SSH接続)

注10 [noreplyのメールアカウント] は [複数桁の ID] + [GitHub ユーザー名] で構成されています。

注11 SSH は、Secure Shell の略で、通信時に暗号や認証の技術を利用しているプロトコルです。プロトコルについては 2 章で簡単に説明していますので、復習も兼ねて見直してみてください。

　本書では、アクセストークンでGitHubを利用できるように設定します[注12]。アクセストークンを取得するため、ブラウザでhttps://github.com/settings/tokens/new/にアクセスします。次の画面のように、アクセストークンの設定画面が表示されます。

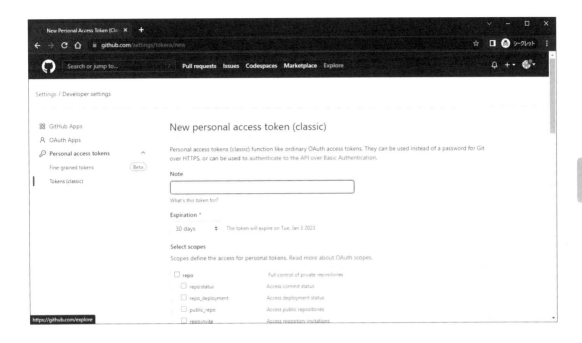

　この画面での入力項目は次のとおりです。

入力項目	説明
Note	このアクセストークンのメモを記載します。自身で区別できる情報を記載してください。今回は「pdiary用」とします。
Expiration	このアクセストークンの利用期限を設定します。デフォルトは「30 days」（30日）ですが今回は「No expiration」（期限なし）を選択します[注13]。
Select scopes	このアクセストークンでアクセスできる範囲を設定します。今回はリポジトリにアクセスできればよいので「repo」チェックボックスをチェックします。

　必要な項目を入力したら、「Generate token」ボタンをクリックします。アクセストークンが作成されると、次の画面が表示されます。

注12　SSH接続を利用したい場合は、「GitHub Docs-SSHを使用したGitHubへの接続」（https://docs.github.com/ja/authentication/connecting-to-github-with-ssh/）を参考にしてください。

注13　利便性の都合上、今回は「No expiration」を選択していますが、セキュリティ上、利用期限を設定することがGitHubより強く推奨されています。もし期限を設定した場合は有効期限が切れたあと、再度アクセストークンを取得する必要があります。

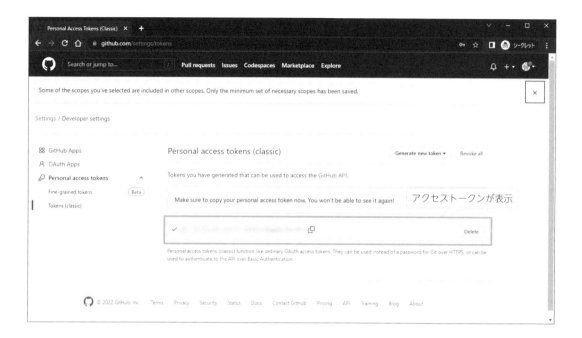

　ここに表示されている[アクセストークンの値]は、後ほど利用します。一度画面を閉じてしまうと消えてしまうので、この画面をそのまま開いて残しておくか、メモ帳（Windowsの場合）やメモ（macOSの場合）などでアクセストークンの値を保存しておいてください。もしアクセストークンのメモを取る前に画面を閉じてしまったら、アクセストークンを取得する手順をもう一度最初から実施してみましょう。

pdiaryのリモートリポジトリを作ろう

　次は、pdiaryをGitHubで管理するために必要なリモートリポジトリを作成してみましょう。ブラウザでhttps://github.com/new/にアクセスすると、リポジトリの作成画面が表示されます。

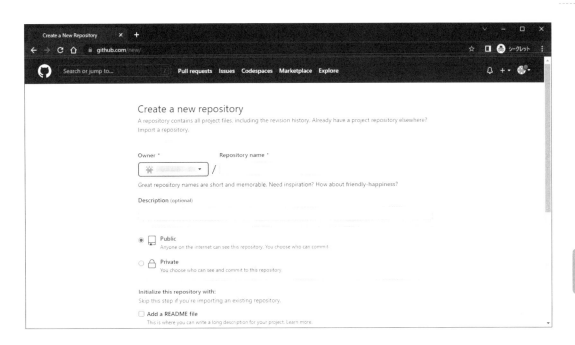

この画面での入力項目は次のとおりです。

入力項目	説明
Repository name	リポジトリ名を設定します。今回は「pdiary」とします。
Description	このリポジトリの説明を記載します。入力は任意のため、今回は空白にしておきます。
Public と Private	いずれか片方をラジオボタンで選択できるようになっています。リポジトリ作成後にも変更可能です。Publicは、リポジトリを誰でも見ることができるようになります。Privateは、自分と許可したユーザーだけが、リポジトリを見ることができるようになります。今回は Private で作成します[注14]。
Initialize this repository with	リポジトリ作成時に、自動作成したいファイルなどを設定します。今回は設定変更せずに、そのままとします。

入力したら、「Create repository」ボタンをクリックします。

注14　今回のプログラムファイルは、他の人に見られても問題はありません。しかし、pdiary を作るときにアップロードした画像ファイルなど、他の人には見せたくない可能性があるものもあります。後ほど pdiary をローカルリポジトリで管理するときに、Git 管理対象外とするファイルは設定しますが、念のため、Private で作成します。

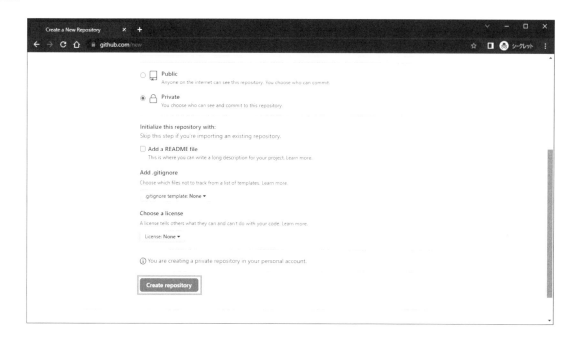

リモートリポジトリが作成されると、次の画面のようにリポジトリの情報が表示されます。

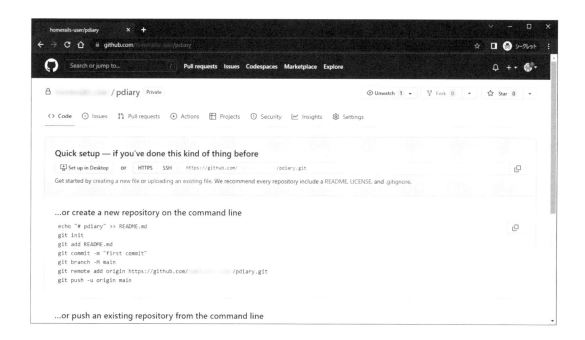

pdiaryをローカルリポジトリで管理しよう

Git 管理対象外のファイルを設定する

次は、pdiaryのプログラムをGitのローカルリポジトリで管理するようにします。

Gitのローカルリポジトリで管理する前に、次のことを確認しましょう。pdiaryを作る中でアップロードした画像ファイル（public/uploadsの中にあるファイル）や投稿した日記・ユーザーなどのデータベースに保存している情報（db/development.sqlite3）は、Gitで管理する必要はありません。Gitで管理しないファイルは、「.gitignore」ファイル[注15]に設定すると、Gitの管理対象外となるので、設定を確認しましょう。

pdiaryのRailsルートディレクトリにある「.gitignore」をエディターで開きます。データベースに保存している情報（db/development.sqlite3）は、/db/*.sqlite3でGitの管理対象外にする設定がすでにされています。アップロードした画像ファイルは、「.gitignore」ファイルに設定がなく、Gitの管理対象となっているため、「.gitignore」ファイルに設定を追加して、Gitの管理対象外にする必要があります。ファイルの最後に次の1行を追加して、保存します。

```
/public/uploads/*
```

これは、public/uploadsの中にあるすべてのファイルをGitの管理対象外にする設定です。この1行を追加することで、「.gitignore」は次のようになっているはずです。

```
# See https://help.github.com/articles/ignoring-files for more about ignoring files.
#
# If you find yourself ignoring temporary files generated by your text editor
# or operating system, you probably want to add a global ignore instead:
#   git config --global core.excludesfile '~/.gitignore_global'

# Ignore bundler config.
/.bundle

# Ignore the default SQLite database.
/db/*.sqlite3
```

└ データベースに保存している情報をGitの管理対象外にする設定。すでに設定されています。

```
/db/*.sqlite3-*
```

注15 「git」+「ignore」（無視する）と名付けられた「.gitignore」ファイルで、Gitの管理対象外とするディレクトリ・ファイルの設定を行います。rails new コマンドを実行したときに、Railsで自動生成されるファイルのGit管理対象外の設定を行った「.gitignore」ファイルが自動作成されます。ログファイルなども、Git管理の対象外となります。

```
# Ignore all logfiles and tempfiles.
/log/*
/tmp/*
!/log/.keep
!/tmp/.keep

# Ignore pidfiles, but keep the directory.
/tmp/pids/*
!/tmp/pids/
!/tmp/pids/.keep

# Ignore uploaded files in development.
/storage/*
!/storage/.keep
/tmp/storage/*
!/tmp/storage/
!/tmp/storage/.keep

/public/assets

# Ignore master key for decrypting credentials and more.
/config/master.key
```

/public/uploads/*

┗ 追加します。

pdiary を Git で管理しよう

Railsは、rails new コマンドを実行したときに、pdiary ディレクトリの中にローカルリポジトリの本体となる「.git」ディレクトリも自動で作成します。そのため、Railsアプリケーションを作りはじめたときから、Gitで管理できる状態になっています。

pdiaryのファイルをGitの管理対象として設定し（ステージング）、情報を確定する（コミット）ため、ターミナルで次のコマンドを実行します。

▼ Windows の場合

```
cd %HOMEPATH%/myWebApp/pdiary
git add .
git commit -m "initial commit"
```

▼ macOS の場合

```
cd ~/myWebApp/pdiary
git add .
git commit -m "initial commit"
```

念のため、git logコマンドで、今コミットした情報が表示されるかを確認してみましょう。

pdiaryをGitHubで管理しよう

pdiaryのリモートリポジトリ（GitHubのリポジトリ）とローカルリポジトリ（「.git」ディレクトリ）を作成したので、pdiaryをGitHubで管理できるようにしていきましょう。操作の流れは、次の図のようになります。

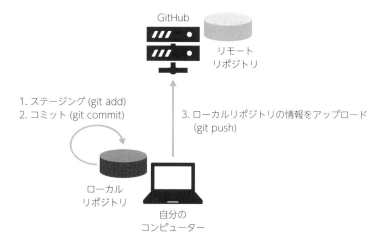

「1. ステージング」と「2. コミット」は6-3にある「pdiaryをローカルリポジトリで管理しよう」で行いました。これから、「3. ローカルリポジトリの情報をアップロード」を行いましょう。

リモートリポジトリとローカルリポジトリを紐付ける

先ほどpdiaryのリモートリポジトリとローカルリポジトリを作成しましたが、リモートリポジトリとローカルリポジトリは紐付けされていません。ローカルリポジトリにリモートリポジトリへのアクセス先の設定を行いましょう。ターミナルで次のコマンドを実行します。[GitHubのユーザー名]は、あなたのGitHubのユーザー名に置き換えて実行してください。

```
git remote add origin https://github.com/[GitHubのユーザー名]/pdiary.git
```

紐付けの設定は、次のコマンドで確認します。

```
git remote -v
```

次のように表示されたら、設定完了です。

```
origin  https://github.com/[GitHubのユーザー名]/pdiary.git (fetch)
origin  https://github.com/[GitHubのユーザー名]/pdiary.git (push)
```

pdiary を GitHub にアップロード（プッシュ）する

　ローカルリポジトリでGit管理されているpdiaryの情報を、リモートリポジトリのあるGitHubにアップロードしてみましょう。ローカルリポジトリの情報をリモートリポジトリにアップロードすることをpush（プッシュ）するといいます。

　プッシュする前に、デフォルトブランチ名[注16]がmainとなっているかどうかを確認します。ターミナルで次のコマンドを実行して、表示されるメッセージを確認します。

```
git branch --contains
```

　このとき表示されるメッセージが「*main」となっていたら、デフォルトブランチ名はmainとなっています。

　もし、「* main」以外の名前になっていたら、デフォルトブランチ名をmainに変更するため、次のコマンドを実行します。

```
git branch -M main
```

　コマンドを実行したら、もう一度、git branch --containsコマンドを実行して、デフォルトブランチ名がmainとなっていることを確認しましょう。mainとなっていることが確認できたら、プッシュしましょう。ターミナルで次のコマンドを実行します。

```
git push -u origin main
```

注16　ブランチとは、Gitの中で履歴を分岐させて保存できる仕組みのことです。デフォルトブランチは、Git作成時に利用されるブランチのことで、ブランチを新たに作らない限りデフォルトブランチが利用されます。本書ではデフォルトブランチのみを利用するため、ブランチの詳しい説明は省略します。

　次の画面のようなダイアログが表示されたら、右上の「×」をクリックして、ダイアログを閉じてください。

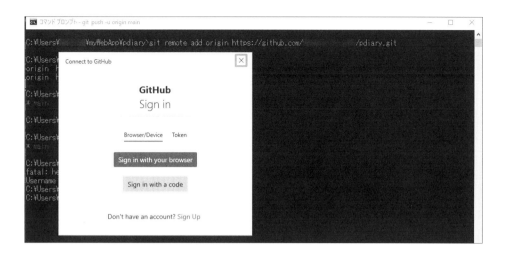

　ダイアログを閉じると、次のようにターミナルにGitHubのユーザー名の入力を促すメッセージが表示されます。

```
Username for 'https://github.com':
```

　自分のGitHubユーザー名を入力して Enter キーを押します。次はパスワードの入力を促すメッセージが表示されます。

```
Password for 'https://[GitHubユーザー名]@github.com':
```

　ここで、先ほど「ターミナルからGitHubを利用するための設定」で保存しておいたアクセストークンを入力します。 Enter キーを押したあと、ターミナルに次のようなメッセージが表示されれば、プッシュは成功しています。

```
Enumerating objects: 114, done.
Counting objects: 100% (114/114), done.
Delta compression using up to 4 threads
Compressing objects: 100% (98/98), done.
Writing objects: 100% (114/114), 27.27 KiB | 1.82 MiB/s, done.
Total 114 (delta 3), reused 0 (delta 0)
remote: Resolving deltas: 100% (3/3), done.
```

```
To https://github.com/[GitHubユーザー名]/pdiary.git
 * [new branch]      main -> main
```

次のようなメッセージが表示された場合は、GitHubユーザー名を間違えて入力しているか、アクセストークンが使用期限切れ（アクセストークン設定時に有効期限を設定している場合）になっています。

```
remote: Invalid username or password.
fatal: Authentication failed for 'https://github.com/[GitHubユーザー名]/pdiary.git/'
```

ユーザー名を間違えている場合は、もう一度git push -u origin mainコマンドを実行して、再度GitHubユーザー名とアクセストークンを入力してみてください。もし、アクセストークンの有効期限を設定している場合は、https://github.com/settings/tokens/にアクセスして有効期限（次の画面の囲まれた「Expired on」の日付）が切れていないかどうかを確認してみましょう。

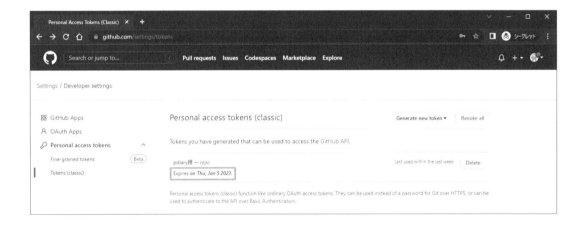

もし、有効期限が切れている場合は、もう一度新たにアクセストークンを取得し直して、取得し直したアクセストークンを利用するようにします。

また、次のようなメッセージの場合は、アクセストークンを間違えて入力しています。こちらの場合も、もう一度先ほどのgit push -u origin mainコマンドを実行して、再度GitHubユーザー名とアクセストークンを入力してみましょう。

```
remote: Support for password authentication was removed on August 13, 2021.
remote: Please see https://docs.github.com/en/get-started/getting-started-with-git/about- ⏎
remote-repositories#cloning-with-https-urls for information on currently recommended ⏎
modes of authentication.
fatal: Authentication failed for 'https://github.com/[GitHubユーザー名]/pdiary.git/'
```

　プッシュができたら、ブラウザでhttps://github.com/[GitHubのユーザー名]/pdiary/にアクセスしてみましょう。次の画面のように、pdiaryのプログラムや更新したタイミング、ブランチ情報などが表示されるはずです。

　これでGitHub上に、pdiaryのリポジトリがプッシュされました。

COLUMN

Webアプリケーションをインターネットに公開しよう

　ここまで作ってきたWebアプリケーション「pdiary」は、自分のコンピューター上で動作していて、自分のコンピューターだけで見ることができます。自分が作ったWebアプリケーションを他の人に使ってもらうには、インターネット上でWebアプリケーションを動作させる必要があります。

　そのようなときには、Webアプリケーションを動作させるためのWebサーバーを提供してくれるクラウドサービスを利用すると便利です。現時点で、無料で試してみることができるクラウドサービスをいくつか紹介します[注a]。具体的な利用方法などの詳細は、各公式サイトの説明を確認してください。

クラウドサービス	公式サイトURL
Railway	https://railway.app/
render.com	https://render.com/
Fly.io	https://fly.io/

　そのほかにも有料無料問わず、Webアプリケーションをインターネットに公開するためのさまざまなクラウドサービスがあり、それぞれ特徴を持っています。

クラウドサービス	公式サイトURL
Heroku	https://jp.heroku.com/
Cloud Run	https://cloud.google.com/run?hl=ja
Amazon Fargate	https://aws.amazon.com/jp/fargate/

　ぜひ、いろいろなクラウドサービスにチャレンジして、自分が使いやすいサービスを見つけてみてくださいね。

注a　2022年11月現在の情報です。提供されるサービス内容や金額などは、変更となることもあります。

Rubyを学ぼう

これまでpdiaryを作りながら、プログラミングを学んできました。
プログラミングを学ぶ一番の方法は、「プログラムを書く」ことです。

Rubyでもっといろいろなプログラムを書いてみたい方は、もう少し
読み進めてみましょう。本章では、Rubyで「おみくじ」アプリケーショ
ンを作りながら、Rubyを学んでいきます。

7-1 ファイルに書いた プログラムを実行してみよう

2章ではirbを利用して簡単なRubyプログラムを実行しました。実際のプログラムは何十行にもなるため、irbで毎回入力していくのは大変です。そこで、プログラムをファイルに書いて保存し、ファイルに保存したプログラムを実行してみましょう。

次のプログラムをファイルに書いて、「hello_world.rb」というファイル名で保存します。ファイルの拡張子「.rb」はRubyプログラムのファイルであることを意味しています。

```
p "Hello, World!"
```

2章では、putsメソッドでターミナルに表示（出力）しましたが、ここではputsより短いメソッドのpメソッドでターミナルに表示を行います。

VS Codeを利用してプログラムを書く場合は、メニューから「File」→「New Window」で新しいVS Codeの画面を開いてください。そして、メニューの「File」→「New Text File」をクリックしてください（「Untitled-1」という名前でプログラムを記述できる画面が表示されます）。

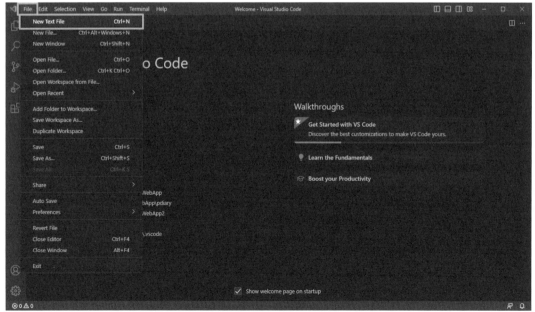

　プログラムの記述が終わったら、⌈Ctrl⌉ + ⌈S⌉（Windowsの場合）または⌈command⌉ + ⌈S⌉（macOSの場合）を同時に押すと、ファイル保存画面が表示されます。次のディレクトリを新たに作成してその中に「hello_world.rb」を保存しましょう。

OS	保存先のディレクトリ名
Windows	C:¥Users¥アカウント名¥ruby_training
macOS	/Users/ユーザー名/ruby_training

　ターミナル（Windowsの場合はコマンドプロンプト）で次のコマンドを実行します。

▼ Windows の場合

```
cd %HOMEPATH%  # ホームディレクトリに移動
mkdir ruby_training  # ruby_trainingディレクトリを作成（VS Codeでディレクトリを作成した ⏎
場合は実行不要）
cd %HOMEPATH%/ruby_training  # ruby_trainingディレクトリに移動
```

▼ macOS の場合

```
mkdir ~/ruby_training  # ruby_trainingディレクトリを作成（VS Codeでディレクトリを作成した ⏎
場合は実行不要）
cd  ~/ruby_training  # ruby_trainingディレクトリに移動
```

　そして、保存したプログラムを実行してみましょう。

```
ruby hello_world.rb
```

　ターミナルに "Hello, World!" と表示されましたか？ ruby コマンドの引数にファイル名を指定することで、ファイルに書いた Ruby プログラムを実行できます。

```
ruby [ファイル名.rb]
```

　"Hello, World!" が表示されず、次のようなメッセージが表示された場合、保存したファイルのディレクトリに移動していません。

```
ruby hello_world.rb
ruby: No such file or directory -- hello_world.rb (LoadError)
```

　ターミナルでコマンドを実行しているディレクトリが、ファイルを保存したディレクトリと同じディレクトリかどうか、またファイル名が「hello_world.rb」になっているかどうかも確認してみましょう。誤っていた場合は名前を正しく修正します。ターミナルがどのディレクトリでコマンドを実行しているかは、次のコマンドを実行すればターミナルに表示されます。

▼ Windows の場合

```
cd
```

▼ macOS の場合

```
pwd
```

　これでファイルに書いた Ruby プログラムを実行できるようになりました。ファイルに書いたプログラムを実行できるようになれば、複雑で量の多いプログラムも繰り返し実行できます。

　では、実際におみくじプログラムを書きながら、Ruby について学んでいきましょう。

7-2 おみくじプログラムを作ってみよう

「7-1. ファイルに書いたプログラムを実行してみよう」で、ファイルに書いた Ruby プログラムを実行できるようになりました。プログラムをファイルに書いておけば、繰り返し実行できます。

ここからは、おみくじプログラムをファイルに書いて、実行してみましょう。

 ## 仕様を考えよう

プログラムをどう作るか、どんな内容のプログラムなのかを説明したものを仕様といいます。料理でいうと、作り方やレシピにあたります。今回作るおみくじプログラムの仕様は次のとおりです。

仕様1. おみくじプログラムは、ruby omikuji.rb で実行する
仕様2. 実行すると、大吉・中吉・吉・凶のいずれかを表示する

では、おみくじプログラムを作っていきましょう。

 ## 仕様から処理を考えよう

仕様1の「ruby omikuji.rb で実行する」という仕様を考えていきましょう。ファイルに書いたプログラムを実行する方法は、先ほど ruby コマンドの引数にファイル名を指定することだと学びました。

```
ruby [ファイル名.rb]
```

つまり、おみくじプログラムは、「omikuji.rb」というファイルに書いていく必要がある、ということになります。エディターを開き、「omikuji.rb」というファイルを作成します。保存するディレクトリは、「hello_world.rb」と同じディレクトリでよいでしょう。

次は、仕様2について考えてみましょう。「大吉・中吉・吉・凶のいずれかを表示する」です。この文章だけを見ると、急に難しく感じてしまうかもしれません。難しく感じたときには、プログラムでする処理を1つ1つ分解して考えると、やることが見えてわかりやすくなります。仕様2を分解してみると、次の2つの処理になります。

仕様2-1. 大吉・中吉・吉・凶の中から1つ選ぶ

仕様2-2. 選んだものを表示する

　まず、わかりやすい仕様から確認していきます。仕様2-2は、「7-1. ファイルに書いたプログラムを実行してみよう」で利用したpメソッドが使えそうです。

　次に仕様2-1の「大吉・中吉・吉・凶の中から1つ選ぶ」について考えます。おみくじなので、毎回同じ結果では困ります。大吉・中吉・吉・凶の中から、実行する度に異なるものを選ぶにはどうすればよいでしょうか？

　複数のものから1つ（しかも毎回異なるもの）を選ぶには、配列を扱うArrayクラスのオブジェクトのsampleメソッド、Array#sample[注1]を使うようにしましょう。配列を扱うArrayクラスのオブジェクトは、数値や文字列などさまざまな種類の要素をもつことができるオブジェクトで、Array#sampleは、配列の要素の中からランダムに1つの要素を返すメソッドです。

```
[1, 2, 3]        # 整数を扱うIntegerクラスのオブジェクトのみを要素にもつ配列
["a", "b", "c"]  # 文字を扱うStringクラスのオブジェクトのみを要素にもつ配列
[1, "b", 3]      # 整数を扱うIntegerクラスのオブジェクトと文字を扱うStringクラスの ⏎
オブジェクトを要素にもつ配列

# Array#sampleを試す（実行結果はこの通りになりません）
# 整数を扱うIntegerクラスのオブジェクトのみを要素にもつ配列の場合
[1, 2, 3].sample # => 3
[1, 2, 3].sample # => 2
[1, 2, 3].sample # => 1

# 文字を扱うStringクラスのオブジェクトのみを要素にもつ配列の場合
["a", "b", "c"].sample # => "b"
["a", "b", "c"].sample # => "b"
["a", "b", "c"].sample # => "b"
["a", "b", "c"].sample # => "a"

# 整数を扱うIntegerクラスのオブジェクトと文字を扱うStringクラスのオブジェクトを要素にもつ ⏎
配列の場合
[1, "b", 3].sample # => 1
[1, "b", 3].sample # => "b"
[1, "b", 3].sample # => 3
```

　つまり、大吉・中吉・吉・凶で配列を作り、Array#sampleメソッドを使うことで、仕様2-1は実現できるのです。

注1　本書やリファレンスマニュアル、他のWebサイトや書籍で、Rubyのメソッドを紹介するときは「クラス名＃メソッド名」と表記します。Array#sampleは、Arrayクラスのsampleメソッドを表します。

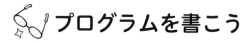 プログラムを書こう

では、実際にプログラムを書いて、「omikuji.rb」で保存してみましょう。

```
# 大吉・中吉・吉・凶で配列を作り、sample メソッドで1つ選ぶ
result = ["大吉", "中吉", "吉", "凶"].sample
# 選んだ結果を表示する
p result
```

このプログラムは、resultという変数にArray#sample（配列を扱うArrayクラスのオブジェクトのsampleメソッド）の結果を代入し、その変数を表示していますが、次のように1行で書くこともできます[注2]。

```
p ["大吉", "中吉", "吉", "凶"].sample
```

 実行してみよう

7

ターミナルで、何度か`ruby omikuji.rb`を実行してみましょう。

```
ruby omikuji.rb
"大吉"
ruby omikuji.rb
"吉"
ruby omikuji.rb
"吉"
ruby omikuji.rb
"凶"
```

実行する度におみくじの結果は変わりましたか？

仕様だけ見ると最初はプログラムを書くのが難しいと感じたかもしれません。しかし、1つ1つ処理を分けて考えることで、やるべきことが整理され、最初に感じたよりも簡単に書けたのではないでしょうか？

さて、おみくじの結果が "大吉"・"中吉" などの結果だけでは少し物足りないので、次はおみくじプログラムを拡張してみましょう。

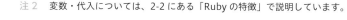

注2　変数・代入については、2-2にある「Ruby の特徴」で説明しています。

7-3 おみくじプログラムを拡張しよう

プログラムは少しずつ機能を追加したり、使いやすいように変更したりしながら、拡張していきます。おみくじプログラムも機能を追加して拡張していきましょう。

仕様を考えよう

仕様1. おみくじプログラムは、ruby omikuji_ext.rbで実行する

仕様2. 実行すると、大吉・中吉・吉・凶の結果と、結果別に次の説明をターミナルに表示する

結果	説明
大吉	すいすいプログラムが書ける日。楽しく学んでいきましょう。
中吉	便利なメソッドが見つかるかも。Ruby公式ドキュメントを見てみよう。
吉	プログラムに書く処理が難しい時には、処理を分解してみましょう。
凶	エラーが表示された時は、エラーメッセージをよく見ると早く解決できるかも。

仕様3. 結果と説明を表示後、「もう一度おみくじを引きますか？」と表示し、q[注3]を入力したら、プログラムを終了する。q以外が入力されたら、もう1回おみくじを引く（仕様2以降を行う）

仕様から処理を考えよう

では、仕様を1つずつ確認してみましょう。

仕様1は、7-2にある「仕様から処理を考えよう」でファイルに書いたプログラムを実行する方法を学びましたね。今回は「omikuji_ext.rb」で実行するため、プログラムは「omikuji_ext.rb」というファイルに書いていきます。

仕様2はどうでしょうか？複数の処理になっているので、分解してみましょう。

注3　qは、quit（終了する）の先頭文字を意味します。同じ終了する意味でexitもありますが、edit（編集する）も先頭文字がeのため、1文字で終了を意味する場合、qを使うことが多いです。

仕様2-1. 大吉・中吉・吉・凶の中から1つ選ぶ

仕様2-2. 選んだ結果に合わせて説明文を選ぶ

仕様2-3. 選んだ結果と説明文を表示する

こちらも、わかりやすい仕様から確認していきましょう。仕様2-1は、おみくじプログラムで使った Array#sampleが使えます。

仕様2-3は、結果と説明文をpメソッドで表示しましょう。

仕様2-2は、仕様2-1で選んだ結果に合う説明文を選ぶ必要があります。実行する度に変わる結果の説明文を、どのように選んだらよいでしょうか？

ここでは、条件によって処理を分岐させる方法として、if・elsif・elseを使います。変数monthの値によって表示する文字を変えるプログラムで試してみましょう。「monthの値が6の場合は、"誕生石はPearlです"と表示する」プログラムです。

```
if month == 6
  p "誕生石はPearlです"
end
```

ifは、続く条件式（month == 6）を判定し、判定結果が真[注4]（monthが6）であるときに、続く処理（"誕生石はPearlです"と表示）を実行します。==は、左辺（==の左にある値month）と右辺（==の右にある値6）の値が同じであるかを調べます。

次に、「monthの値が7の場合は、"誕生石はRubyです"と表示する」条件を追加してみましょう。条件を追加する場合、elsifを使います。elsifは、ifの判定結果が偽[注5]（monthが6以外）のときに実行されます。elsifに続く条件式（month == 7）を判定し、判定結果が真（monthが7）のときに、続く処理（"誕生石はRubyです"と表示）を実行します。

```
if month == 6      # monthの値が6の場合
  p "誕生石はPearlです"
elsif month == 7 # monthの値が7の場合
  p "誕生石はRubyです"
end
```

条件をもっと追加したい場合は、elsifを増やします。また、if・elsifで指定した条件以外で処理を行う場合には、elseを指定します。elseは、ifやelsifの判定結果がすべて偽の場合に、elseに続く処

注4　真とは、条件式が正しい場合を指します。trueともいいます。

注5　偽とは、条件式が誤っている場合を指します。falseともいいます。

理 ("まだプログラムされていません" と表示) を実行します。

```
if month == 6       # monthの値が6の場合
  p "誕生石はPearlです"
elsif month == 7 # monthの値が7の場合
  p "誕生石はRubyです"
elsif month == 8 # monthの値が8の場合
  p "誕生石はPeridotです"
else
  p "まだプログラムされていません"
end
```

これで、仕様2-2は、if・elsif・elseで表示できそうです。

仕様3は、複数の処理なので分解しましょう。

仕様3-1.　「もう一度おみくじを引きますか？」と表示する

仕様3-2.　ターミナルで入力された文字を受け取る

仕様3-3.　入力された文字がqか、それ以外かを判定する

仕様3-4.　入力された文字がqの場合、プログラムを終了する

仕様3-5.　入力された文字がq以外の場合、仕様2に戻る

仕様3-1は、pメソッドでターミナルに表示すればよいでしょう。

仕様3-2のターミナルで入力された文字を受け取るには、どうしたらよいでしょうか？ターミナルから入力された文字を変数input_valに代入するには、次のように書きます。

```
input_val = gets
```

この入力された文字input_valがqかどうかの判定をすればよいのですが、ここで1つ注意点があります。ターミナルで文字を入力したあとに Enter キーも入力します。 Enter キーで入力した「値」も、このinput_valに含まれます。

Enter キーで入力した値は改行コードというものです。Windowsの場合は¥n、macOSの場合は \n (\は、 option + ¥ を同時に押して入力します) で改行コードとなりますが、本書では¥nで統一しています。

仕様3-3の判定は、input_valに入力された値がq¥nと同じかどうかで確認できます。

しかし、改行コードを含む文字はプログラムの中で見づらいので、改行コードを除いた文字で比較をしてみましょう。文字列の末尾から改行コードや、空白などを除くには、文字を扱う Stringクラスのオブジェクトの String#rstrip を使います。

```
# String#rstrip は、文字列の末尾から空白や改行コードなどを取り除いた文字列を返します
p "q¥n".rstrip     # => "q"
p "  q  ¥n".rstrip # => "  q"

# 変数 input_valの値は変わりません
input_val = "q¥n"
p input_val.rstrip # => "q"
p input_val        # => "q¥n"
```

　最後に、仕様3-4、3-5を考えてみましょう。今まで書いてきたプログラムは、プログラムの上から下に順に処理されるプログラムでした。今回のプログラムは、仕様3-4のときにはプログラムの処理を次へ続け、仕様3-5のときには、プログラムの処理を下から上に戻す必要があります。

　どのように戻すのでしょうか？今回のおみくじの拡張プログラムでは、「おみくじをもう1度引く」のが目的なので、ループ処理を使います。ループ処理は、プログラムに同じ処理を繰り返しさせる仕組みです。

　ループ処理の書き方は、いろいろあります。繰り返す回数が決まっている場合は、Integer#timesが使いやすいです。

7

```
# 5回 "Hello, World!" を表示する
5.times do
  p "Hello, World!"
end

# 実行結果
"Hello, World!"
"Hello, World!"
"Hello, World!"
"Hello, World!"
"Hello, World!"
=> 5
```

　ループを続ける条件が決まっている場合には、whileが使えます。

```
# counterが5より小さい間、counterの値を表示する
counter = 0
while counter < 5
  p counter
  counter = counter + 1
end
```

```
p "end"

# 実行結果
0
1
2
3
4
"end"
```

　繰り返す回数も決まっておらず、ターミナルから入力された値でループ処理を抜ける（break）場合は、次のようにするとよいでしょう。

```
loop do
  p "入力してください（終了する場合はqを入力）"
  input_val = gets
  break if input_val.rstrip == "q"
end
```

プログラムを書こう

　では、実際にプログラムを書いて、「omikuji_ext.rb」で保存してみましょう。

```
loop do
  # 大吉・中吉・吉・凶で配列を作り、sampleメソッドで1つ選ぶ
  result = ["大吉", "中吉", "吉", "凶"].sample
  if result == "大吉"
    p "大吉：すいすいプログラムが書ける日。楽しく学んでいきましょう。"
  elsif result == "中吉"
    p "中吉：便利なメソッドが見つかるかも。Ruby公式ドキュメントを見てみよう。"
  elsif result == "吉"
    p "吉：プログラムに書く処理が難しい時には、処理を分解してみましょう。"
  elsif result == "凶"
    p "凶：エラーが表示された時はエラーメッセージをよく見ると早く解決できるかも。"
  end

  p "もう一度おみくじを引きますか？（終了する場合はqを入力してEnterキーを押します）"
  input_val = gets
  break if input_val.rstrip == "q"
end
```

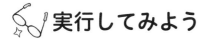
実行してみよう

ターミナルで、ruby omikuji_ext.rbを入力して、プログラムを実行してみましょう。おみくじを続けて引く場合は、`Enter`キーを押します。

```
ruby omikuji_ext.rb
```

"大吉：すいすいプログラムが書ける日。楽しく学んでいきましょう。"
"もう一度おみくじを引きますか？（終了する場合はqを入力してEnterキーを押します）"

"凶：エラーが表示された時はエラーメッセージをよく見ると早く解決できるかも。"
"もう一度おみくじを引きますか？（終了する場合はqを入力してEnterキーを押します）"

"中吉：便利なメソッドが見つかるかも。Ruby公式ドキュメントを見てみよう。"
"もう一度おみくじを引きますか？（終了する場合はqを入力してEnterキーを押します）"

"吉：プログラムに書く処理が難しい時には、処理を分解してみましょう。"
"もう一度おみくじを引きますか？（終了する場合はqを入力してEnterキーを押します）"

実行する度におみくじの結果と説明が表示されましたか？

プログラムをリファクタリングしよう

今回、条件分岐のif・elsifを使っておみくじプログラムを拡張しました。4種類の結果（大吉・中吉・吉・凶）の条件を判定する行（if・elsifの行）と、それぞれの結果と結果別の説明を表示する処理が少し見づらく感じます。プログラムが見づらいとプログラムの不具合に気づきにくくなるので、仕様を変えずに読みやすくしてみましょう。

仕様を変えずに読みやすくしたり、処理の整理をしたりすることをリファクタリングといいます。どういうプログラムが見やすいでしょうか？見やすさは、人それぞれ感じ方が異なるのですが、定義をまとめたりするだけで変わります。

```
description = {
  "大吉" => "すいすいプログラムが書ける日。楽しく学んでいきましょう。",
  "中吉" => "便利なメソッドが見つかるかも。Ruby公式ドキュメントを見てみよう。",
  "吉"   => "プログラムに書く処理が難しい時には、処理を分解してみましょう。",
  "凶"   => "エラーが表示された時はエラーメッセージをよく見ると早く解決できるかも。"
}
```

```
loop do
  # 大吉・中吉・吉・凶で配列を作り、sampleメソッドで1つ選ぶ
  result = ["大吉", "中吉", "吉", "凶"].sample
  p "#{result}：#{description[result]}"

  p "もう一度おみくじを引きますか？（終了する場合はqを入力してEnterキーを押します）"
  input_val = gets
  break if input_val.rstrip == "q"
end
```

　大吉・中吉などのおみくじの結果をキーにして、説明を変数descriptionというHashクラス[注6]のオブジェクトで定義します。

　Array#sampleのおみくじの結果を、変数resultに代入します。変数descriptionからおみくじの説明を取得するには、キーを指定してdescriptionから取り出す必要があります。キーはおみくじの結果resultがそのまま使えるので、おみくじの説明はdescription[result]と指定して取得します。

　変数に設定されている値を表示するには、p 変数を使用します。今回は、1行に複数の変数の値を表示したいので、#{ 変数 }で変数の値を文字として埋め込んで、表示するようになっています。

　Rubyでのプログラミングはいかがでしたか？もう少しRubyのクラスやメソッドについて学んでみたい方は、Ruby公式ドキュメント[注7]を参考にしてみてください。Rubyの便利なクラスやメソッドの情報が載っています。

付録

プログラミングを続けよう

　本書をとおして、Web アプリケーションを作るために必要な技術を学んできました。本当におつかれさまでした！そして、あらためてプログラミングの世界へようこそ！

　プログラミングの世界には、本書では伝えきれなかったことがたくさんあります。これからもプログラミングを続けていくと、さらに多くの新しいことに出会うでしょう。

　付録では、このあとにプログラミングを学び続けていくためのコツをお話しします。プログラミングに興味を持って本書を手にとっていただいたあなたが次の一歩を踏み出すときの参考になれば幸いです。

プログラムを書き続けよう

　本書をとおして、プログラミングを体験する中で、自分で作る楽しさと新しいことを知る喜びを感じてもらえたら、うれしいです。

　本書を読み終わったあとも、もう少しプログラミングを続けてみましょう。本節では、次にやってみてほしいことを挙げておきますので参考にしてください。

本書をもう一度読み返してみよう

　本書は実際にプログラムを書いてWebアプリケーションを作るということを大切にしています。そのため、最初は多少わからないことがあっても大丈夫です。

　本書をひととおり読み終わったあとに、もう一度読み返してみましょう。今度はわかりづらい部分や興味を持った部分で立ち止まり、理解を深めながら読んでみてください。

他のサイトや書籍で学習しよう

　本書ではWebアプリケーションに必要なさまざまな技術についての概要を説明してきました。興味を持った部分についてより詳しく知りたい場合は、インターネットや関連の書籍をあたってみるとよいでしょう。お勧めのサイトや書籍を紹介します。

* **Rails Girls ガイド**[注1]
　Rails Girlsというコミュニティ（「A-2. コミュニティに参加しよう」を参照）によるWebアプリケーション開発のチュートリアルです。前半は本書と重複する部分も多いですが、後半には本書に登場しないコメント機能やプロフィールアイコン表示などのプログラミングガイドがあるので、作ったWebアプリケーションに機能を追加したいときに参考にしてみてください。

* **「ゼロからわかる Ruby 超入門」五十嵐邦明、松岡浩平著、技術評論社、2018年**[注2]
　Rubyの構文についてより詳しく理解したい場合にまずお勧めしたい書籍です。

注1 「Rails Girls ガイド」（https://railsgirls.jp/）
注2 「ゼロからわかる Ruby 超入門」（https://gihyo.jp/book/2018/978-4-297-10123-7/）

- **Ruby on Rails チュートリアル**[注3]

  本書の次にもう少し詳しくRailsアプリケーション開発について知りたいときにチャレンジにしてみてください。チュートリアルなので、こちらも実際にアプリケーションを作りながら読み進めることができます。

 # 自分のアイデアを形にしよう

作りたいアプリケーションのアイデアがあれば、まず紙に書き出してみましょう。頭の中にあるイメージを書き出すことで、作りたいものをより具体的に考えられるようになります。本書でやったことを思い出しながら、rails new コマンドで作り出してみましょう。

さあ、あとはプログラミングです。プログラミングでわからないことが出てきたら、インターネットや他の参考書籍で調べてみましょう。そして、アイデアが形になったときには、周りの人たちに見せてみましょう。

注3 「Ruby on Rails チュートリアル」(https://railstutorial.jp/)

A-2 コミュニティに参加しよう

プログラミングに興味を持つ人たちのコミュニケーションの場としてコミュニティがあります。多くのコミュニティにはプログラミング言語や職種、地域、性別などのゆるいテーマが設定されていて、それらの属性に所属する人や興味のある人が参加しています。コミュニティでは、参加者の技術的な知見の発表会や、参加者が各々自分がやりたいことを行う「もくもく会」など様々なイベントを行っています。コミュニティは、そのようなイベントを通じて、プログラミングに対する自分のモチベーションをあげたり、プログラミングの楽しさや難しさを共有したりする仲間ができる場でもあります。コミュニティに参加してみたいと思った人に向けて、お勧めのコミュニティやイベントを紹介します[注4]。

Rails Girls

まず筆者たちが運営に関わっているRails Girlsを紹介します。Rails Girlsはプログラミング未経験者を対象としたワークショップを行っているコミュニティです。名前にGirlsとあるように主に女性を対象としています[注5]。

ワークショップではRails Girls ガイドというチュートリアルをもとに、Railsを使ってWebアプリケーションを作ります。コーチとして参加しているプログラミング経験者が、すぐ隣にいる体制でサポートしてもらえますので、わからないところを都度聞きながら自分のペースでプログラミングをはじめることができます。

開催は不定期ですが、日本各地で行われますので自分の住んでいる地域の近くで開催される際にはぜひ参加を検討してみてください。各地の開催は、「Rails Girls 公式サイト」[注6]や日本におけるRails Girlsワークショップの開催を支援する団体であるRails Girls JapanのTwitterアカウント[注7]をチェックしてください。

Rails Girls Japanでは、イベントなどへの参加支援も行っていますので、はじめて参加するコミュニティとしてもお勧めです。

注4　筆者たちはRubyやRailsを使うことが多いので、主にRubyやRailsの2022年11月時点で活動しているコミュニティを紹介します。

注5　Rails Girls Japanの活動趣旨の「アファーマティブ・アクションについて」（https://railsgirls.jp/affirmative-action.html）をご確認ください。

注6　「Rails Girls 公式サイト」（http://railsgirls.com/）

注7　Rails Girls JapanのTwitterアカウント（https://twitter.com/RailsGirlsJapan/）

# 地域.rb

　プログラミング言語Rubyに関心がある人たちが、それぞれの住んでいる地域で勉強会や情報交換を行っており、それらの集まりやコミュニティのことを「地域.rb」と呼んでいます。

　日本各地に地域.rbがあります。地域.rbの一覧サイト「RegionalRubyistMeetUp」[注8]には、2022年11月現在で50以上の地域.rbが掲載されています。

　活動している地域.rbの開催情報は、「地域.rbカレンダー」[注9]で確認できます。気になる地域.rbがあったら、気軽に参加してみてください。

# カンファレンス

　カンファレンスは登壇者が技術的な成果や経験・利用事例などを発表する形式で行われる比較的大きな規模のイベントです。複数日に渡って開催されるものもあり、世界中から数百人規模の人が参加してお祭りのような雰囲気になります。国内で開催されているRuby・Railsのカンファレンスには、次のようなものがあります。

- **RubyKaigi**[注10]
- **Kaigi on Rails**[注11]
- **RubyWorld Conference**[注12]

　RubyやRailsに興味のある人たちが世界中から集まり、国内で発表を聞くことができる貴重な機会ですので、興味のある方はぜひ参加してみてください。

　また、参加者全員にイベントを最大限に楽しんでもらえるように、最近ではアンチハラスメントポリシーを定めるカンファレンスやコミュニティが増えています。誰もが楽しく、安心してカンファレンスやコミュニティに参加できるように、いかなる形のハラスメントにも反対するという、主催者による方針がアンチハラスメントポリシーです。もしハラスメントに遭遇してしまったり、ハラスメント行為を見かけたりしたときの報告・相談する先を明確にする役割も持っています。

　カンファレンスに参加するときには、アンチハラスメントポリシーを確認しておくとよいでしょう。

注8　「RegionalRubyistMeetUp」（https://github.com/ruby-no-kai/official/wiki/RegionalRubyistMeetUp/）

注9　「地域.rbカレンダー」（https://sue445.github.io/regional-rb-calendar/）

注10　「RubyKaigi」（https://rubykaigi.org）

注11　「Kaigi on Rails」（https://kaigionrails.org）

注12　「RubyWorld Conference」（https://2022.rubyworld-conf.org/）紹介しているURLは2022年のものです。

■ 著者プロフィール

江森真由美（えもりまゆみ）
株式会社ケーシーエスキャロット 執行役員。Rails Girls Tokyo オーガナイザー。Rails Girls Japan メンバーとして、各地の Rails Girls 開催をサポートしている。Asakusa.rb メンバー。酒と Ruby と時々（福山）雅治。

やだけいこ
くまモン好きの Rubyist。Rails Girls Nagoya オーガナイザー。Rails Girls Japan メンバーでもある。各地の Rails Girls にもコーチとして、ときどき出没している。

小林智恵（こばやしちえ）
長野県松本市在住の Web アプリケーションエンジニア。Rails Girls Nagano オーガナイザー。Rails Girls Japan メンバー。Ruby と Rubyist が好き。

レビュー協力
・ 高橋 久仁子　　　・ 近藤 裕斗
・ 大木 彩　　　　　・ kazuhi_ra
・ 大倉 雅史　　　　・ tanaken0515
・ 畠山 恵　　　　　・ 今野 夕貴
・ 高濱 里帆　　　　・ 竹上 妙子

本書サポートページ
https://gihyo.jp/book/2023/978-4-297-13468-6
本書記載の情報の修正／訂正については、当該 Web ページで行います。

カバー・本文デザイン：株式会社トップスタジオ デザイン室（阿保 裕美）
DTP　　　　　　　　：株式会社トップスタジオ（和泉 響子）
カバー・本文イラスト：ミヤカミヨロズ
担当　　　　　　　　：小竹香里

はじめてつくる
Web アプリケーション
〜 Ruby on Rails でプログラミングへの第一歩を踏み出そう

2023 年 5 月 3 日　初 版　第 1 刷発行

著　者　　江森真由美、やだけいこ、小林智恵
発行者　　片岡 巌
発行所　　株式会社技術評論社
　　　　　東京都新宿区市谷左内町 21-13
　　　　　電話　03-3513-6150　販売促進部
　　　　　　　　03-3513-6177　第 5 編集部
印刷・製本　図書印刷株式会社

ISBN978-4-297-13468-6 C3055
Printed in Japan

■ お問い合わせについて
　本書に関するご質問については、記載内容についてのみとさせて頂きます。本書の内容以外のご質問には一切お答えできませんので、あらかじめご承知おきください。また、お電話でのご質問は受け付けておりませんので、書面または FAX、弊社 Web サイトのお問い合わせフォームをご利用ください。
　なお、ご質問の際には、「書籍名」と「該当ページ番号」、「お客様のパソコンなどの動作環境」、「お名前とご連絡先」を明記してください。

宛先：
〒 162-0846
東京都新宿区市谷左内町 21-13
株式会社技術評論社
『はじめてつくる Web アプリケーション 〜 Ruby on Rails でプログラミングへの第一歩を踏み出そう』係
FAX：03-3513-6173
URL：https://book.gihyo.jp

　お送りいただきましたご質問には、できる限り迅速にお答えをするよう努力しておりますが、ご質問の内容によってはお答えするまでに、お時間をいただくこともございます。回答の期日をご指定いただいても、ご希望にお応えできかねる場合もありますので、あらかじめご了承ください。
　ご質問の際に記載いただいた個人情報は質問の返答以外の目的には使用いたしません。また、質問の返答後は速やかに破棄させていただきます。